SCHRIFT FÜR MIKROELEKTRONIK · COMPUTERTECHNIK · INFORMATIK

Heft 9 · 1988

Mikroprozessortechnik

VEB Verlag Technik Berlin

ISSN 0232-2892

ISC

Schneller mit weniger Befehlen

diesem Heft:

Vom Fraktal zum Naturgesetz?

Hyperkomplexe Zahlen als Ansatz

MS-DOS

Filterprogramme und Pipes

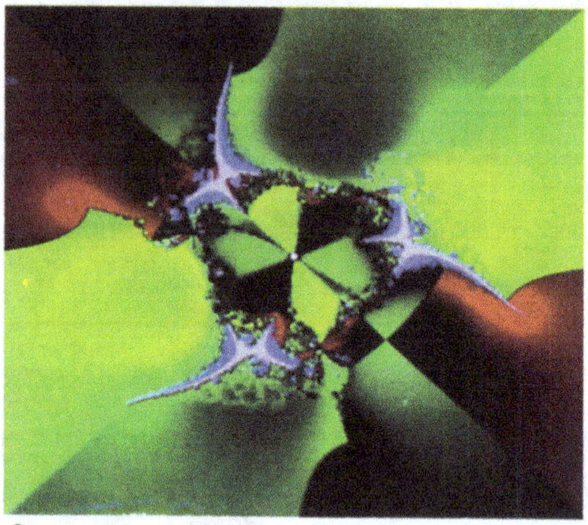

3

4

5

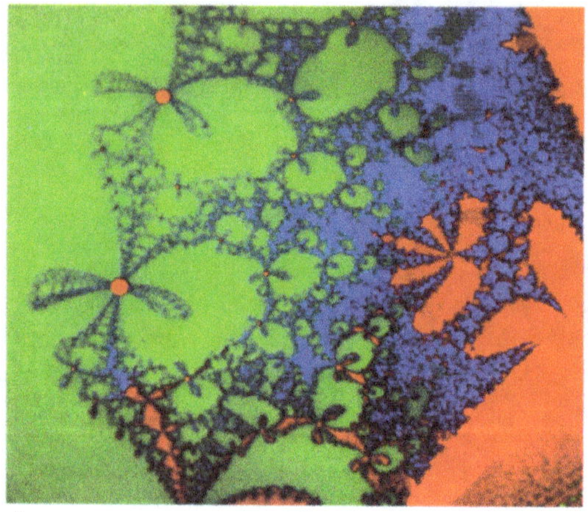

6

7

Lesen Sie dazu den Beitrag „Fraktale aus Polynomen“

Zeitschrift für Mikroelektronik · Computertechnik · Informatik
2. Jahrgang · ISSN 0232–2892

Mikroprozessortechnik, Heft 9 · 88

Herausgeber Kammer der Technik, Fachverband Elektrotechnik

Verlag VEB Verlag Technik, Oranienburger Str. 13/14, DDR – 1020 Berlin; Telegrammadresse: Technikverlag Berlin; Telefon: 28700, Telex: 011 2228 techn dd

Verlagsdirektor Klaus Hieronimus

Redaktion Hans Weiß, Verantwortlicher Redakteur (Tel. 2870371); Herbert Hemke, Redakteur (Tel. 2870203); Sekretariat Tel. 2870381

Gestaltung Christina Bauer

Titelfotos Gabriele Buhren

Lizenz-Nr. 1710 des Presseamtes beim Vorsitzenden des Ministerrates der Deutschen Demokratischen Republik

Gesamtherstellung Druckerei Märkische Volksstimme Potsdam

Redaktionsschluß: 18. Juli 1988

AN (EDV) 49837

Erscheinungsweise monatlich 1 Heft

Heftpreis 5,– M, Abonnementspreis vierteljährlich 15,– M; Auslandspreise sind den Zeitschriftenkatalogen des Außenhandelsbetriebes BUCHEXPORT zu entnehmen.

Bezugsmöglichkeiten
DDR: sämtliche Postämter; *SVR Albanien:* Direktorije Quendrore e Perhapjes dhe Propaganditit te Librit Rruga Konference e Pezes, Tirana; *VR Bulgarien:* Direkzia R.E.P., 11a, Rue Paris, Sofia; *VR China:* China National Publications Import and Export Corporation, West Europe Department, P.O. Box 88, Beijing; *ČSSR:* PNS – Ustřední Expedicia a Dovoz Tísku Praha, Slezská 11, 120 00 Praha 2, PNS, Ústredna Expedicia a Dovoz Tlače, Pošta 022, 885 47 Bratislava; *SFR Jugoslawien:* Jugoslovenska Knjiga, Terazija 27, Beograd; Izdavačko Knjižarsko Produzeće MLADOST, Ilica 30, Zagreb; *Koreanische DVR:* CHULPANMUL Korea Publications Export & Import Corporation, Pyongyang; *Republik Kuba:* Empresa de Comercio Exterior de Publicaciones, O'Reilly No. 407, Ciudad Habana; *VR Polen:* C.K.P.i.W. Ruch, Towarowa 28, 00-958 Warszawa; *SR Rumänien:* D.E.P. Bucureşti, Piaţa Scînteii, Bucureşti; *UdSSR:* Sämtliche Abteilungen von Sojuzpečat' oder Postämter und Postkontore; *Ungarische VR:* P.K.H.I., Külföldi Elöfizetési Osztály, P.O. Box 16, 1426 Budapest; *SR Vietnam:* XUNHASABA, 32, Hai Ba Trung, Há Nôi; *BRD und Berlin (West):* ESKABE Kommissions-Grossobuchhandlung, Postfach 36, 8222 Ruhpolding/Obb.; Helios-Literatur-Vertriebs-GmbH, Eichborndamm 141–167, Berlin (West) 52; Kunst und Wissen Erich Bieber OHG, Postfach 46, 7000 Stuttgart 1; Gebrüder Petermann, BUCH + ZEITUNG INTERNATIONAL, Kurfürstenstraße 111, Berlin (West) 30; *Österreich:* Helios-Literatur-Vertriebs-GmbH & Co. KG, Industriestraße B 13, 2345 Brunn am Gebirge; *Schweiz:* Verlagsauslieferung Wissenschaft der Freihofer AG, Weinbergstr. 109, 8033 Zürich; *Alle anderen Länder:* örtlicher Fachbuchhandel; BUCHEXPORT Volkseigener Außenhandelsbetrieb der Deutschen Demokratischen Republik, Postfach 160, DDR – 7010 Leipzig und Leipzig Book Service, Talstraße 29, DDR – 7010 Leipzig

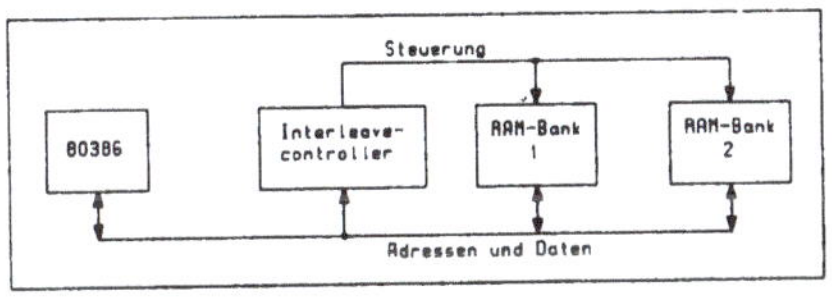

Der dritte und letzte Teil unserer Artikelfolge „Moderne Mikrorechnersysteme" auf der **Seite 267** behandelt den 32-Bit-Prozessor 80386, der international zunehmend in PCs für hohe Ansprüche eingesetzt wird.

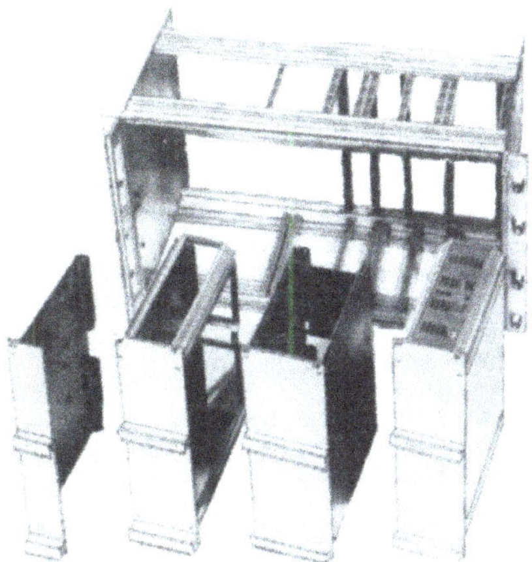

Auf der **Seite 275** finden Sie den Beitrag „Elektronische Baugruppen und mechanische Aufbausysteme für die Automatisierungstechnik". Er gibt einen Überblick über die internationale Standardisierung der Gefäßtechnik für elektronische Baugruppen sowie über die 19-Zoll-Einschubeinheiten aus dem Kombinat EAW.

Unser Bericht zur Hannover-Messe Industrie '88 auf der **Seite 283** erwähnt u. a. das Intel System 302, einen PC der AT-386-Klasse, der mit 25 MHz getaktet wird.

Vorschau
In Heft 10 finden Sie Beiträge zu folgenden Themen:
- Bildungscomputer A 5105
- dBASE III im Vergleich
- MODULA-2

Inhalt

Mehrlagenleiterplatten

Das Forschungszentrum des Werkzeugmaschinenbaues in Karl-Marx-Stadt hat mit der Fertigung von Mehrlagenleiterplatten begonnen. Sie ermöglichen eine weitere Erhöhung des Integrationsgrades und sind für die Verwirklichung wichtiger Forschungs- und Entwicklungsaufgaben im Industriezweig bestimmt. Mit ihrer Hilfe können die Entwicklungszeiten für neue Werkzeugmaschinensteuerungen wesentlich verkürzt werden.
Seit 1981 bereits stellt die Karl-Marx-Städter Forschungsstätte in einem Kleinfertigungszentrum einfachere Typen von Leiterplatten her. Ihre Produktion stieg in den vergangenen sieben Jahren auf das Fünffache. Der DDR-Werkzeugmaschinenbau verfügt über mehrere Produktionsstätten für elektronische Baugruppen. Im Karl-Marx-Städter WMW-Forschungszentrum werden neben Leiterplatten auch Hybridschaltkreise gefertigt. Der Eigenbau von Elektronikbaugruppen trägt dazu bei, daß beispielsweise der Stammbetrieb des Fritz-Heckert-Kombinates in diesem Jahr mehr als 90 Prozent seiner Erzeugnisse mit mikroelektronischen Steuerungen und Antrieben ausstatten kann.

ADN

Computer als Mittel und Gegenstand psychologischer Forschung

Wissenschaftler der Berliner Humboldt-Universität stellten auf dem 7. Kongreß der Gesellschaft für Psychologie der DDR in Leipzig im Februar Modelle und Methoden vor, mit denen sich Spezialwissen für Expertensysteme erfassen läßt. Diese wissensgestützten Informationssysteme wären in vielen volkswirtschaftlichen Bereichen unter anderem als vorteilhafte Entscheidungshilfe einsetzbar. Schwierigkeiten bereitet es bisher, das dafür notwendige Faktenwissen herauszufiltern, zu beschreiben und in Software bereitzustellen. Am Beispiel des Wissensschatzes von Konstrukteuren schilderten die Berliner Fachleute den kombinierten Einsatz verschiedener Methoden vom Interview bis zum „lauten" Denken, um die Kenntnisse von Spezialisten für die Eingabe in den Computer zu recherchieren.
Mit Möglichkeiten und Grenzen der computergestützten Psycho-Diagnostik setzten sich Gelehrte von der Leipziger Alma mater auseinander. Sie vertraten die Auffassung, daß die Rechentechnik in ihrer Wissenschaftsdisziplin nicht nur Routinearbeiten rationalisieren sollte, sondern sich ebenso für das Weiterentwickeln praktikabler Verfahren empfiehlt. Insbesondere für aussagekräftige Tests, Trainingsprogramme und Patientendateien. Computereinsatz stehe dabei keineswegs im Widerspruch zu Forderungen nach stärkerer Beachtung der Persönlichkeit der Patienten in der Diagnostik. Als Beispiel dafür diente das vorgestellte Programm PSYCHOSOFT für Lerntests, Experimente der allgemeinen Psychologie sowie Trainingsprogramme. Mit dem Programm können Konzentrationsübungen ausgeführt und Lese-Rechtschreib- sowie Rechenschwächen abgebaut werden. Die auch für Laien verständliche Softwarelösung setzt sich aus Modulen zusammen, die sowohl kompakt als auch einzeln nutzbar sind.

ADN

Elektronik für Nadeldrucker im Wärmetest

Einem Funktionstest im Wärmeschrank werden Elektronikbaugruppen für Nadeldrucker im Büromaschinenwerk „Ernst Thälmann" Sömmerda vor der Endmontage unterzogen. Bei dieser mehrstündigen Qualitätskontrolle bewährt sich eine Rationalisierungslösung junger Facharbeiter und Technologen des Robotron-Betriebes. Die einzelnen Testplätze wurden mit einem Mikrorechner gekoppelt, der Temperaturen und Meßergebnisse überwacht und protokolliert. Durch seinen Einsatz lassen sich jetzt Leiterplatten, Netzteile, Speicher und weitere Baugruppen von 240 Druckern gleichzeitig prüfen. Auftretende Fehler werden genau lokalisiert; dafür entwickelten die jungen Neuerer ein spezielles Programm, das mehr als 20 verschiedene Testfunktionen realisiert. Durch Einführung der rechnergestützten Wärmeverbundprüfung können jährlich mehr als 5.000 Stunden Arbeitszeit eingespart werden. Mit ihren Rationalisierungslösungen tragen Jugendbrigaden und -forscherkollektive dazu bei, die Produktion von Druckern in diesem Jahr auf rund 127 Prozent zu erhöhen. Erstmals sollen den größten Robotron-Betrieb mehr als 100 000 dieser Ausgabegeräte für die CAD/CAM-Technologie verlassen.

ADN

Westliche Industriestaaten verstärken Druck auf Länder Asiens

Trotz erheblicher Zuwachsraten im Exportgeschäft in den ersten vier Monaten dieses Jahres mehren sich im südostasiatischen Stadtstaat Singapur Stimmen, die diese Entwicklung als unbeständig einschätzen. Im April wurden 22,9 Prozent mehr Erzeugnisse als im gleichen Monat des Vorjahres exportiert. Die verarbeitende Industrie war mit Computerprodukten und Fernmeldeeinrichtungen zu 70 Prozent an diesem Anstieg beteiligt. Der Vorsitzende des Handelsentwicklungsrates von Singapur, Alan Yeo, erklärte jedoch, sein Land werde diesen Trend nicht kontinuierlich fortsetzen können. Er machte dafür den wachsenden Protektionismus der USA, der EG-Staaten und Japans verantwortlich, wohin 60 Prozent aller Exporte Singapurs fließen.
Neben Singapur sind auch die anderen drei neuindustrialisierten Länder (NIC) Asiens – Südkorea, Taiwan und Hongkong – von protektionistischen Maßnahmen betroffen. Dazu gehören Tarife, die den Export von vornherein verhindern.
Mit Argwohn wurden in Singapur, Soul, Hongkong und Taibei die jüngsten Beratungen der 24 Mitgliedstaaten der Organisation für wirtschaftliche Zusammenarbeit und Entwicklung (OECD) in Paris beobachtet. Obwohl sich die Minister der führenden kapitalistischen Staaten eingehend mit der Wirtschaft der NIC beschäftigten und ihr hohe Konkurrenzfähigkeit bescheinigten, boten sie deren Vertretern keinen Platz am Tisch ihres exklusiven Klubs an. Statt dessen wurden weitergehende wirtschaftspolitische Forderungen an die NIC gerichtet.
Insbesondere die USA verlangen von den vier Staaten unter anderem verstärkte Bildung von Unternehmen mit ausländischer Beteiligung, unbegrenzten Profittransfer, die Einschränkung von Importbegrenzungen sowie eine weitere Öffnung für westliche Investitionen. USA-Finanzminister James A. Baker ging sogar soweit, den NIC die Schuld für Wirtschaftsprobleme der kapitalistischen Staaten zuzuschieben. Taiwan und Südkorea warf er vor, ihre Weigerung zur Öffnung gegenüber neuen Investitionen behindere Bemühungen zur Stabilisierung der Weltwirtschaft.

ADN

Ratgeber in Sachen Rechentechnik

Software für Betriebe und Einrichtungen ihres Kreises entwickeln Mitglieder der Wissenschafts- und Produktionsgemeinschaft (WPG) Mikroelektronik-Rechentechnik Dippoldiswalde. Die Fachleute arbeiten in der einzigen Gemeinschaft dieser Art im Bezirk Dresden unter anderem ein Programm zur rechnergestützten Ermittlung des Materialbedarfs für Gießereimaschinen aus. Es wird genutzt im VEB Gießerei- und Maschinenbau „Ferdinand Kunert" Schmiedeberg. Die Wissenschafts- und Produktionsgemeinschaft mit ihrem Sitz an der Ingenieurschule für Lebensmittelindustrie Dippoldiswalde wurde vor einem Jahr gegründet, um Betrieben, Genossenschaften und Einrichtungen bei der Einführung und breiten Anwendung der Mikroelektronik und Rechentechnik zu helfen. Ihr gehören die beiden Ingenieurschulen Dippoldiswalde und Glashütte, der Rat des Kreises sowie sieben Betriebe des Territoriums an. Die Gemeinschaft entwickelt jedoch nicht nur betriebsspezifische Software. Seit Oktober vergangenen Jahres wurden rund 60 Werktätige in Lehrgängen mit der Arbeit an Computern vertraut gemacht. Auch kleinere Betriebe, die nicht Mitglied sind, informieren sich über Möglichkeiten der Anwendung dezentraler Rechentechnik. Als Vorhaben der Dippoldiswalder WPG – entstanden nach dem Vorbild einer derartigen Organisation in Haldensleben im Bezirk Magdeburg – steht die Wartung der Hardware für die Mitgliedsbetriebe auf dem Programm.

ADN

NEC entwickelte bisher schnellsten 16-Bit-Mikroprozessor

Das japanische Elektronikunternehmen NEC stellte Anfang April einen 16-Bit-Hochgeschwindigkeits-Mikroprozessor vor, der nach Angaben der japanischen Fachpresse die gegenwärtig schnellste 16-Bit-CPU der Welt ist. Der Prozessor, der mit 12,5 und 16 Megahertz angeboten wird, kann bis zu 2,8 Millionen Instruktionen in der Sekunde (MIPS) verarbeiten. Seine Geschwindigkeit erhält der neue Prozessor durch ein Hard-Kabel-System, das die Zeitfrequenz erhöht sowie die Teilung von Adressen- und Datenleitungen gewährleistet, was die Daten-Transmission verkürzt. Gleichzeitig verfügt der neue V33 als neunter Mikroprozessor der V-Serie von NEC im Vergleich zu seinem Vorgänger V30 über eine erweiterte Speicherkapazität.

ADN

Das Forschungsinstitut für Computer-Technologie in Peking

entwickelte ein Bildschirmsystem, mit dem chinesische Schriftzeichen, grafische Darstellungen sowie fremdsprachige Texte aufgezeichnet werden können.

Foto: ADN-ZB/HNA

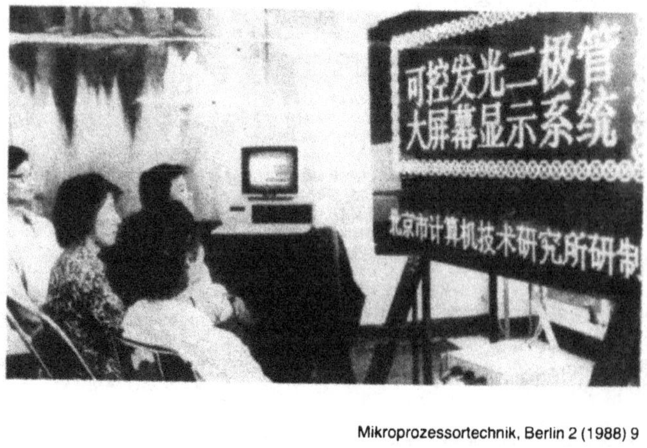

Kleincomputerproduktion in Zusammenarbeit

Ein Kiewer Betrieb, der sich auf die Produktion von Computern des SKR spezialisiert, hat vor kurzem zusammen mit anderen sowjetischen Betrieben das Recht auf eigenständigen Verkauf seiner Erzeugnisse im Ausland erhalten. Drei RGW-Länder – DDR, Polen und CSSR – sind heute die größten Importeure von „Elektronmasch". Auf sie entfallen etwa 70 Prozent des Exports. Die Partner liefern an „Elektronmasch" Komponenten zur Komplettierung der Rechner, und der Betrieb verkauft an sie fertige Steuerrechnerkomplexe.

Im vergangenen Jahr wurde auch mit dem ungarischen Betrieb Videoton eine Produktionskooperation in Gang gesetzt. Im Rahmen des Komplexprogramms des wissenschaftlich-technischen Fortschritts der RGW-Länder bis zum Jahre 2 000 wurde ein zeitweiliges sowjetisch-ungarisches Projektierungs- und Konstruktionsbüro für die Entwicklung neuer Typen von Banddruckern für Kleincomputer gegründet. Bereits im ersten Halbjahr beginnen die ungarischen Partner mit ihrer Produktion und liefern sie an „Elektronmasch". Mit der Lieferung einzelner Computerbaugruppen nach Kiew erhalten die ungarischen Freunde dann fertige Computerkomplexe.

Die vor kurzem bei der Kiewer Vereinigung gegründete Außenhandelsfirma ermöglicht schon heute, auf den Produktionsprozeß positiv Einfluß zu nehmen. Mit der neuen Arbeitsweise ist der Betrieb in der Lage, operativer auf die Wünsche der Partner in den RGW-Ländern zu reagieren und flexibler solche Probleme in Angriff zu nehmen wie die Preisbildung und die Organisation von Wartungsarbeiten.

Problematisch ist noch die Qualität der Rechentechnik, die in unseren Ländern produziert wird; sie entspricht zwar bei einigen Kennziffern dem Weltniveau, bleibt aber zurück was Zuverlässigkeit, Gewicht und Ausmaße sowie Energieverbrauch anbelangt.

Die Erfahrungen der vergangenen Zeit zeigen aber, daß der eingeschlagene Weg der Kooperation in Wissenschaft, Technik und Produktion mit den RGW-Ländern richtig ist.

APN/ADN-Sirota

Dialog

Computerviren

Seit geraumer Zeit bin ich bemüht, auf zwei Fragen eine Antwort zu finden:
Was ist unter einem Virus zu verstehen?
Wie kann man den Computer vor ihm schützen?
Für die Beantwortung dieser beiden Fragen oder einen entsprechenden Literaturhinweis wäre ich Ihnen sehr dankbar.

C. G., Bitterfeld

Die Ihnen bekannten biologischen Viren haben ein Äquivalent in der Computertechnik gefunden, sie haben sogar gemeinsame Merkmale in Funktion und Lebensweise. Ohne Ihre Fragen an dieser Stelle erschöpfend beantworten zu können, lassen sich Computerviren wie folgt charakterisieren:

– Ein Computervirus ist ein künstliches Gebilde.
– Es ist in jedem Fall ein Programm.
– In einem Computer ohne Verbindung mit der Außenwelt (Modem) ohne fremde Programme besteht keine Infektionsgefahr.
– Ein abgeschalteter Computer ist einem toten Organismus gleichzusetzen, er kann nicht infiziert werden.
– Virenprogramme dienen oder dienten bestimmten Zwecken, eine Verbreitung erfolgt beabsichtigt oder unbeabsichtigt.
– Computerviren können als reines Virus-Programm oder als virusinfiziertes beliebiges Programm verbreitet werden.
– Computerviren wurden geschaffen, um Programme oder Datensätze unter bestimmten Umständen zu kennzeichnen, zu manipulieren oder zu zerstören.
– Computerviren haben eine vom Programmierer vorbestimmte Inkubationszeit; auf einen Programmcode, eine Programmlaufzeit, ein Bitmuster oder eine bestimmte Datenmenge abgestimmt, beginnt der Virus sein Werk.
– Computerviren sind in allen Programmiersprachen erstellbar.

Die Hardware ist nur in wenigen Fällen zu beschädigen; so ist es z. B. möglich, das Diskettenlaufwerk auf eine Kopfposition zu bringen, aus der es nur noch die teilweise Demontage wieder zum Laufen bringt. Des weiteren können Disketten und Festplatten ohne Absicht des Bedieners sinnlos beschrieben oder gelöscht werden. Bei Druckvorgängen könnten solche Virenmanipulationen eingebaut werden, die irgendwo im Text die Papiervortriebsrichtung beim Seitenwechsel mehrfach umschalten – die Folge ist zumindest Papiersalat im Drucker...

Zum zweiten Teil der Frage: Ein absolut wirkendes Schutzprogramm ist nicht zu erstellen. In Abhängigkeit vom Typ Ihres Computers sollten Sie neue Programme aus nicht kommerziellen Quellen nicht mit wertvollen Programmen auf einem Speichermedium verwenden. Verwenden Sie nur Arbeitskopien dieser Programme. Entstehen beim Abarbeiten bekannter Programme plötzlich andere Ergebnisse, verlängert sich die Rechenzeit oder ist der verfügbare Speicherraum (RAM, RAMDISK, Diskette) in kurzer Zeit ohne Ihr Dazutun erschöpft, könnte ein Virus die Ursache sein. Manche Virusinfektionen täuschen auch einen Hardwaredefekt vor.

Eine Empfehlung vielleicht, bilden Sie die Quersumme eines Programmes oder eines Datensatzes und notieren Sie diese Zahlen extern auf Papier – nicht im Computer! Unter CP/M läuft das Programm CRC.COM und gibt Ihnen die Einzelergebnisse und die gesamte Quersumme des betreffenden Speichermediums. So ist ein unabsichtlich manipuliertes Programm immer mit dem „Original" vergleichbar!

Ein ausgeschalteter Computer ohne Stützspannung und ohne Festplatte bzw. Diskette, von der das Betriebssystem erst geladen wird, ist (sofern nicht beim Hersteller mit Viren infiziert) virenfrei. Das heißt, nach dem Einschalten hat man unter diesen Bedingungen den Computerurzustand.

Abschließend noch einige Literaturstellen, die über zentrale Bibliotheken zu beziehen sind:

/1/ Krabel, E.: Die Viren kommen. c't (1987) 4
/2/ Computerviren. 64er (1987) 7
/3/ Burger, R.: Das große Computer-Viren-Buch. Data Becker Düsseldorf 1987
/4/ Sperber, J.: Virusfieber, mc (1988) 7
/5/ Risch, H.-J.: Angst vor Computer-Viren; Koziel, T., Leister, G.: Die Viren sind da. c't (1988) 7

Intel will Entwicklungszeit beim 80 486 stark verkürzen

Als die Intel Corp. den Mikroprozessor 80 286 entwickelte, waren auf diesem Chip 120 000 Transistoren untergebracht, und die Entwicklungszeit betrug etwa dreieinhalb Jahre. Auf seinem Nachfolger, dem 80 386, waren schon mehr als zweimal so viele Transistoren untergebracht – genau 275 000 –, und seine Entwicklungszeit betrug etwas weniger als drei Jahre. Jetzt entwirft eine Gruppe von Entwicklern bei Intel den Mikroprozessor 80 486 mit einer Million Transistoren (siehe auch MP 4/88). Sie hoffen, daß sie den ersten Prototyp in weniger als zwei Jahren hergestellt haben.

„Wir haben gemerkt, daß man die Entwicklungszeit, die man vom Konzept bis zum fertigen Chip benötigt, ständig verringern kann", meinte Albert Yu, Vizepräsident der Gruppe für Mikrocomputerbauteile von Intel. Yu ist einer der Planer des Programms für den „52-Wochen-Chip". Es soll dazu dienen, die durchschnittliche Entwicklungszeit eines logischen Chips auf ein Jahr oder weniger zu verringern. Um die Entwicklungszeit zu verkürzen, hat Intel einige grundlegende Prinzipien von Waffen-, Auto- und Klimaanlagenherstellern übernommen, die schon seit langem um die Vorzüge wissen, neue Erzeugnisse aus Teilen von alten zu entwikkeln. Bei Intel sind die „alten Teile" Schaltkreise und deren Kombinationen. Ein Chipdesigner hat vielleicht Wochen oder Monate benötigt, um ein Bus-Interface zu entwickeln, das die Kommunikation zwischen dem Prozessor und den peripheren Geräten steuert.

Im sogenannten „52-Wochen-Programm" sind alle wesentlichen Merkmale in einem Indexspeicher eines Computers der Entwicklergruppe zusammengefaßt. Mit einem Tastendruck kann ein bewährtes Bauelement des 80 386 aus dem Speicher geholt und auf dem Bildschirm in den 80 486 eingepaßt werden. Wenn notwendig, kann das Bauteil für seine neue Funktion modifiziert werden. Ein Vorteil der „elektronischen Bibliothek" besteht darin, daß sie dem Entwickler eine kurze Zusammenfassung der jeweiligen Rolle einer Schaltkreisgruppe bietet, so daß er nicht jeden Transistor in allen Einzelheiten zeichnen muß. Die Ingenieure können auf dem Bildschirm Gruppen von Bauelementen hin- und herschieben und herausfinden, wie sie am besten untergebracht werden können. Dieses Verfahren birgt jedoch auch Risiken in sich. Jede Gruppe von Schaltkreisen, die aufgenommen worden ist, muß fehlerfrei sein. Ein Fehler in einem Chip kann auf andere Schaltkreise übertragen werden. Deshalb muß jeder Schaltkreis außerordentlich genau geprüft werden, das heißt, ein Designer muß sich sicher sein, daß sich jede Verbindung zwischen den Bauteilen auf dem neuen Chip unter genauer Betrachtung der strengen Designregeln an der richtigen Stelle befindet.

ADN

OS/2 und Windows 386 von Siemens

Seit April liefert Siemens seine Version des neuen Betriebssystems OS/2 sowie Windows 386 aus; Windows 2.0 seit 1988.

Die Betriebssystemerweiterung Windows 386 ist eine weiterentwickelte Form der gewohnten grafischen Bedienoberfläche von Microsoft. Die Fenster können jetzt überlappen, sind in der Größe veränderbar und lassen sich auf dem Bildschirm verschieben. Die Bedienoberfläche entspricht der des Presentation Manager, also der Bedienoberfläche von OS/2. Der Anwender kann also heute schon mit einem System arbeiten, das von vielen als zukünftiger Standard bei der Bedienung von Personalcomputern angesehen wird.

Mit Windows 386 wird Multitasking-Betrieb ermöglicht. Die besonderen Eigenschaften des 80386-Prozessors werden derart genutzt, daß mehrere Anwendungen im 8086-Modus gleichzeitig auf dem 80386-Prozessor nachgebildet werden. Dadurch können herkömmliche MS-DOS-Programme gleichzeitig im Speicher gehalten werden und auch ablaufen. Der Benutzer, der häufig zwischen Programmen wechselt, muß so die Programme nicht jedesmal neu laden. Man kann z. B. im Vordergrund eine Windows-Applikation ablaufen lassen, während im Hintergrund, sichtbar in einem Fenster, z. B. Multiplantabellen bearbeitet werden. Ein Textaustausch über die Zwischenablage ist jetzt nicht nur mit Windows-Programmen, sondern auch mit normalen MS-DOS-Anwendungen möglich. Windows 386 kann damit in der Migrationsphase vom MS-DOS zum OS/2 als Übergangsprodukt betrachtet werden.

MP

Fraktale aus Polynomen

Gabriele Buhren, Berlin

Bisher veröffentlichte fraktale Motive beruhen auf Varianten zufällig gefundener Rekursionsgleichungen oder entsprechen Fixpunkt-Lösungen ohne Bifurkationen (Lösungsaufspaltungen). Das hier geschilderte Verfahren ist neu, ebenso die Art der Bilder. Es kann jede Komplexe Funktion f(z) = 0 benutzt werden, die ein eindeutiges f'(z) besitzt.

Mathematische Methode mit Beispielen

Ein bekanntes Fraktal

Jedes beliebige Polynom f(z) = 0 kann durch Iteration mit dem *Newton*-Verfahren

$$z_{n+1} = z_n - \frac{f(z_n)}{f'(z_n)} \qquad (*)$$

gelöst werden, auch wenn z = x + iy eine komplexe Größe ist. Bei Mehrfachlösungen hängt das konkrete Einzugsgebiet (als Farbe im Bild) von der Wahl der Anfangswerte x_a und y_a ab (Koordinaten eines Bildpunktes). Für die drei Fixpunkte der Gleichung

$$z^3 + 1 = 0 \qquad (**)$$

ergibt sich das bekannte Fraktal, an dessen Linien immer alle drei Gebiete aneinanderstoßen. Nennen wir es den dreizackigen „Einfachstern".

Dimensionserweiterung

Setzt man jetzt für z eine bestimmte hyperkomplexe Zahl ein (siehe Tafel 1) und löst (**) mit (*) für alle Komponenten von z, dann ergibt sich mit dem Ansatz (1) ein „Doppelstern" (6zackig) aus 9 Farben, mit dem Ansatz (2) ein „Dreifachstern" mit 27 Farben (Bild 13, 3. US). Die hyperkomplexen Definitionen Quaternion (doppeltkomplexe Zahl) oder Oktave (doppeltes Quaternion) /3/ verändern den Einfachstern im Prinzip nicht und führen auch nicht zu dem im nächsten Abschnitt beschriebenen Effekt. Wohl aber Ansatz (3) und ähnliche Definitionen wie die Ansätze (4)–(6). Bei (3) ist zu beachten, daß die Anfangswerte der einzelnen Komponenten niemals gleich sein dürfen.

Rückprojektion durch Einschränkung der Freiheitsgrade

Wenn nun Gleichung (*) in verstümmelter Form benutzt wird, indem man die Iteration einer oder mehrerer Variablen unterläßt, sie als Konstanten behandelt, entfernt man sich vom ehemaligen f(z). Man bearbeitet für jeden Bildpunkt nun eine zwar benachbarte, aber neue nichtlineare Gleichung, die im allgemeinen nicht mehr analytisch darstellbar ist. Das vorher durch (*) abgeschlossene (konservative) System des „Sterns" wird geöffnet, erhält Restriktionen durch das Nullsetzen oder Verändern von z. B. dp und dt (s. Kommentarklammern Zeile 60). Jeder Eingriff solcherart muß als Verlust bzw. Zuwachs bezeichnet werden, vergleichbar mit Dissipation.

Es entstehen Bilder neuartiger Struktur. Für p und t um ±2 endet das Gebilde, während der Stern bis Unendlich reicht. Eine Entsprechung wäre das Mandelbrotsche Apfelmännchen, jedoch ohne Ähnlichkeiten. In der Nähe des Bildmittelpunktes bei sehr kleinen p,t-Werten entsteht der Einfachstern. Je mehr man nach außen wandert, desto „verbeulter" werden seine Glieder. Dann entstehen sprunghaft völlig neue Fraktale. Die alten Fixpunkte sind zerfallen, neue erschienen, und die Gebiete mit zyklischen Lösungen erinnern an „Wirbelsäulen" und „Insektenflügel". „Kakteenkugeln" mit blumiger Feinstruktur tauchen auf. Durch eine entsprechende Farbkodierung lassen sich somit Welten darstellen, die der lebendigen Welt nicht unähnlich sind. Bisher konnten nur wenige Proben aus dieser unentdeckten Vielfalt entnommen werden. Es bleibt dem Leser überlassen, das spannende Spiel fortzusetzen. Das Phänomen der Fraktale ist noch relativ ungeklärt. Falls man zufällig einen hyperkomplexen Ansatz findet, der für ein passendes f(z) am echtesten reale Objekte (z. B. Eisblumen, Schaum, Organismen) modelliert, sollten sowohl die Biologen als auch die Physiker nach Anwendungen dieser hyperkomplexen Größen Ausschau halten.

Tafel 1

$i^2 = -1$

Ansatz (1):
4dimensionale hyperkomplexe Zahl

$$\begin{aligned} Z1 &= (x + iy) + j(p + it) && \text{mit} \quad j^2 = -i \\ &= K0 + j\,K1 && \text{wobei} \\ Z1^* &= K0 - j\,K1 && \text{und} \\ Z1 \cdot Z1^* &= K0^2 + i \cdot K1^2 \end{aligned}$$

Mit Z* erfolgt der erste Schritt beim Reellmachen des Nenners von (*). Der zweite ist die normale Multiplikation mit der konjugiert-komplexen Zahl.

Ansatz (2):
6dimensionale hyperkomplexe Zahl

$$\begin{aligned} Z2 &= (x + iy) + j(p + it) + j^2(k + il) \\ &= K0 + j\,K1 + j^2\,K2 \qquad \text{mit} \quad j^3 = -i \\ Z2^* &= (K0^2 + i \cdot K1 \cdot K2) + j(-i \cdot K2^2 - K0 \cdot K1) \\ &\quad + j^2(K1^2 - K0 \cdot K2) \\ Z2 \cdot Z2^* &= (K0^3 - K2^3) + i(3 \cdot K0 \cdot K1 \cdot K2 - K1^3) \end{aligned}$$

(Prof. Peschel)

Ansatz (3):
6dimensionale hyperkomplexe Zahl

$$\begin{aligned} Z3 &= (x + iy) + j(p + it) + s(k + il) \\ & \qquad j^2 = -1 - i \\ & \qquad s^2 = 1 + i \\ & \qquad js = -sj = 1 - i \\ &= K0 + j\,K1 + s\,K2 \\ Z3^* &= K0 - j\,K1 - s\,K2 \\ Z3 \cdot Z3^* &= (K0^2 + K1^2 - K2^2) + i(K1^2 - K2^2) \end{aligned}$$

Ansatz (4):
8dimensionale hyperkomplexe Zahl

$$Z4 = (K0 + j\,K1) + s(K2 + j\,K3) \qquad j^2 = -i, \quad s^2 = -j$$

Ansatz (5):
8dimensionale hyperkomplexe Zahl

$$Z5 = Z4 \quad \text{mit} \quad j^2 = -1 - i, \quad s^2 = -1 - i - j - ji$$

Ansatz (6):
24dimensionale hyperkomplexe Zahl

$$Z6 = Z2 + s(\dots) + s^2(\dots) + s^3(\dots)$$

((...) ist Größe wie Z2) $\qquad s^4 = -j$

Tafel 2 Bildparameter (Bild = komplexe Ebene mit Koordinaten P + iT)

Nr.	Umschlag-seite	Typ	BREITE	VSX	VSY	Anfangswerte		K	Ansatz
1	1	B	4.0	0.0	0.0	Xa = 0.7937005	Ya = −Xa	1 + i + j + ji	1
2	1	B	4.0	0.0	0.0	Xa = P	Ya = T	1 + j	1
3	2	A	4.0	0.0	0.0				
4	2	B	0.5	− 0.8	0.0				
5	2	A	0.5	− 1.0	1.0	Xa = P	Ya = T	1 + i	1
6	2	A	0.5	− 1.0	0.5				
7	2	A	0.1	− 1.225	− 0.06				
8	3	A	0.64	− 0.9219	− 0.9531	Xa = −1.0	Ya = 0.0	1	1
9	3	A	4.0	0.0	0.0				
10	3	B	0.5	− 0.25	0.75	Xa = 0.7937005	Ya = − Xa	1 + i	1
11	3	A	0.5	− 1.12	0.25				
12	3	A	0.1	− 1.12	0.25				
13	3	B	4.0	0.0	0.0	Xa = Pa = Ka = P	Ya = Ta =La = T	$1 + i + j + j^2 + ji + j^2i$	2

Rechentechnische Realisierung

Da die Bilder auf einem Robotron-BVS A 6472 visualisiert werden konnten, mußten sie optimal aus 512 × 512 Bildpunkten zu je 8 Bit bestehen. Mit einem speziellen Programm wurde aus etwa 200 Varianten die günstigste Farbtabelle gewählt, um die Grauwerte in Falschfarben darzustellen. Zum Rechnen der Bilder kamen SKR-Rechner zum Einsatz (SM4, SM14), wobei die Rechenzeiten zwischen 3 und 20 Stunden lagen. Übertragen wurden die fertigen Bilder per Magnetband, danach vom Farbmonitor abfotografiert mit einer Practica (Teleobjektiv, UT 18,1/8 s).

Prinzipiell ist die Nutzung jedes mit PASCAL programmierbaren Computers möglich, wobei jedoch sehr lange Rechenzeiten auftreten können. In diesem Fall sind kleinere Bilder zu empfehlen (überall Austausch der Zahl 512). Die spätere Visualisierung muß gesondert an die vorhandene Technik angepaßt werden.

Programmbeschreibung

Unter Austausch der Zeilen 38–40, 47–61 und 84 wird das Programm (PASCAL, siehe Bild 1) auch zur bildmäßigen Simulation beliebiger dynamischer Systeme genutzt. Es kann dadurch für viele Anwendungszwecke brauchbar sein.

Bildkodierung

Es werden gleichzeitig zwei Bilder (A und B) zeilenweise auf Platte geschrieben (Zeile 89). Sie müssen zusammen betrachtet werden, wenn man das Lösungsverhalten auswerten will. Zur Kodierung stehen die Grauwerte 0 bis 225 zur Verfügung.

Im A-Bild wird für Fixpunkte als Grundfarbe der Quadrant abgebildet, in dem die Lösung liegt. Das hat den Nachteil, daß mehrere Attraktoren (Anziehungspunkte) im gleichen Quadranten nicht getrennt werden, und den

```
 1  PROGRAM HYP4;
 2    (*   4-DIM ZU ANSATZ (1)    , Z**3+K=0  *)
 3  CONST   BREITE = 4.0;                    (* GESAMTE BILDBREITE, BILD QUADRATISCH *)
 4          VSX = 0.0;  VSY = 0.0;       (* VERSCHIEBUNG DES BILDMITTELPUNKTES X,Y *)
 5          GENAU = 0.000001;                            (* ABBRUCH - GENAUIGKEIT *)
 6          K1 = 1.0; KI = 1.0; KJ = 0.0; KJI = 0.0; (* 4-DIM.KONSTANTE K IN F(X) *)
 7  LABEL   1,2;
 8  TYPE    ZEILE =  ARRAY[1..256] of INTEGER;
 9  VAR     ANZ,IIX,IX,IY,IYA,IYE,IG,IG1,L,ANZF : INTEGER;
10          SW,PANF,TANF,P,T,X,Y,XALT,YALT,DD,XX1,YY1,G1 : REAL;
11          P2,T2,PT6,Q3,P3,T3,PQT3,PTQ3,P6,T6,FSB,FDX,FDY,FDP,FDT : REAL;
12          A,B,C,D,E,F,G,H,X2,Y2,X3,Y3,QD,XY6,GA,GB,GC,GD,GE,GF : REAL; .
13          IZ,IZ1 : ZEILE;
14          FILNAM,FILN : PACKED ARRAY[1..8] OF CHAR;
15          F1,FF : FILE OF ZEILE;
16          W : BOOLEAN;
17
18  FUNCTION GRAU(K:INTEGER):INTEGER;
19  VAR  KK,GR : INTEGER;
20  BEGIN GR := ANZ+K; KK := K+50;
21   IF GR > KK   THEN  GR := KK;    GRAU := GR;
22  END;
23
24  BEGIN                                                  (* HAUPTPROGRAMM *)
25   WRITE(' Name der Datei : ');READLN(FILNAM); REWRITE(F1,FILNAM);
26   WRITE(' Zweiter Name   : ');READLN(FILN); REWRITE(FF,FILN);
27   WRITE(' ab Zeile : '); READLN(IYA); IY:=IYA-1; W:=TRUE;
28   WRITE(' bis Zeile: '); READLN(IYE); IYA:=(IYE-IYA+1)DIV 3; IIX:=0; IX:=0;
29   SW := BREITE/512.0;
30   PANF := -BREITE/2.0-SW+VSX;
31   TANF :=  BREITE/2.0+SW+VSY; TANF:=TANF-IY*SW;
32   REPEAT                                        (* ANF. ZEILEN - SCHLEIFE *)
33   TANF:=TANF-SW;   IY:=IY+1;
34    REPEAT                                       (* ANF. PUNKTE - SCHLEIFE *)
35    PANF:=PANF+SW; IX:=IX+1; ANZ:=0; ANZF:=0; L:=0;
36     IF W = TRUE THEN BEGIN IIX:=IIX+1; W:=FALSE; END
37                ELSE W:=TRUE;
38    P:=PANF; T:=TANF; X:=PANF; Y:=TANF;
39        PT6:=6.0*P*T; P2:=P*P; T2:=T*T; Q3:=3.0*(P2-T2); P3:=P*P2; T3:=T*T2;
40        PQT3:=3.0*P2*T; PTQ3:=3.0*P*T2; P6:=6.0*P; T6:=6.0*T;
41
42    1: ANZ:=ANZ+1; ANZF:=ANZF+1;                (* ANF. SCHLEIFE FUER ITERATION *)
43       IF ANZ > 400 THEN IG:=10                                     (* ABBRUCH *)
44       ELSE
45       BEGIN                                               (* NEUE ITERATION *)
46       XALT:=X; YALT:=Y;
47    X2:=X*X; Y2:=Y*Y; X3:=X*X2; Y3:=Y*Y2; QD:=(X2-Y2)*3.0; XY6:=X*Y*6.0;
48
49    A:=X3-3.0*X*Y2+Y*Q3+X*PT6+K1;   B:=3.0*Y*X2-Y3-X*Q3+Y*PT6+KI;
50    C:=P*QD-XY6*T+PQT3-T3+KJ;       D:=T*QD+XY6*P+PTQ3-P3+KJI;
51    E:=QD+PT6;       F:=XY6-Q3;     G:=X*P6-Y*T6;  H:=Y*P6+X*T6;
52    GA:=A*E-B*F-C*H-D*G;            GB:=A*F+B*E+C*G-D*H;
53    (*GC:=C*E-F*D-A*G+B*H;          GD:=E*D+F*C-A*H-B*G;*)
54    GE:=E*E-F*F-2.0*G*H;            GF:=G*G-H*H+2.0*E*F;
55    FSB:=GE*GE+GF*GF;
56     IF FSB < 1.0E-10 THEN BEGIN  IG:=1; IG1:=1; GOTO 2; END          (* ABBRUCH *)
57      ELSE
58      BEGIN   FDX:=(GA*GE+GB*GF)/FSB;   FDY:=(GB*GE-GA*GF)/FSB;
59              (*FDP:=(GC*GE+GD*GF)/FSB; FDT:=(GD*GE-GC*GF)/FSB;*)
60              X:=X-FDX;  Y:=Y-FDY;  (*P:=P-FDP;  T=T-FDT;*)
61       END;
62        IF(ABS(X)+ABS(Y))>200.0 THEN BEGIN IG:=255; IG1:=255; GOTO 2;  END (*ABB.*)
63        ELSE
64        BEGIN                                             (* ANF. ATTRAKTOR *)
65         IF ANZF < 50 THEN
66              BEGIN                                       (* ANF. FIXPUNKT *)
67              DD:=ABS(XALT-X)+ABS(YALT-Y); IF DD > GENAU THEN GOTO 1;
68              IF X > 0.0 THEN
69                IF Y < 0.0 THEN  IG:= GRAU(200)     ELSE IG:= GRAU(150)
70              ELSE IF Y >= 0.0 THEN  IG:= GRAU(50)  ELSE IG:= GRAU(100);
71              END                                         (* FIXPUNKT END *)
72         ELSE
73             BEGIN                                        (* ANF. ZYKLUSZAHL *)
74             IF ( L > 0 )  AND ( L < 16 )  THEN
75                 BEGIN
76                 L:=L+1; DD:=ABS(XX1-X)+ABS(YY1-Y); IF DD > GENAU THEN GOTO 1;
77                  IF L = 2 THEN BEGIN  ANZF:=1; GOTO 1; END
78                         ELSE  IG:=19+L;    (* ZYKLUS GEFUNDEN ! *)
79                 END
80             ELSE  BEGIN XX1:=X; YY1:=Y; L:=1; GOTO 1; END;
81             END;                                         (* ZYKLUSZAHL END *)
82        END;                                              (* ATTRAKTOR END *)
83       END;                                          (* NEUE ITERATION END *)
84     G1:= ABS(X*0.7+Y)*127.0; IF G1 > 254.0 THEN G1:=254.0;  IG1:= ROUND(G1);
85   2:
86      IF W = TRUE THEN BEGIN IG1:=IG1*256+IZ1[IIX]; IG:=IG*256+IZ[IIX] END;
87      IZ[IIX]:=IG;    IZ1[IIX]:=IG1;                   (* 2 BYTE = 1 INTEGER *)
88    UNTIL IX >= 512;                               (* PUNKTE - SCHLEIFE END *)
89    WRITE(F1,IZ);   WRITE(FF,IZ1);
90    WRITELN('  NEUE ZEILE BEGONNEN : ',(IY+1):3,'       (BIS ZEILE ',IYE:3,')');
91    PANF:= -BREITE/2.0-SW+VSX; IX:=0; IIX:=0; W:=TRUE;
92    IF (IY = (IYE-2*IYA)) OR (IY = (IYE-IYA)) THEN
93     BEGIN  CLOSE(F1); CLOSE(FF); REWRITE(F1,FILNAN); REWRITE(FF,FILN);
94     WRITELN('    NEUE FILES ! '); END;
95   UNTIL IY >= IYE ;                              (*  ZEILEN - SCHLEIFE END *)
96   WRITELN('              PROGRAMM BEENDET');
97  END.                                                (*  HAUPTPROGRAMM END *)
```

◀ *Bild 1 Programm zu Bild 3 (2. Umschlagseite)*

```
(*  6-DIM. ZU ANSATZ(2) ---  P,T,K,L  FEST   *)
 .......   VEKTOR = ARRAY[1..6] of REAL;   .......
 ........   FKK,FZ,F,FS,FM     : VEKTOR;   .......
 (*  F = F(Z),  FS = F'(Z),  FZ = Z,  FKK = F*   *)
           ..........
PROCEDURE MULTI(KF,G:VEKTOR;VAR FM:VEKTOR;M:INTEGER);
LABEL 5;
BEGIN
FM[1]:=G[1]*KF[1]-G[2]*KF[2]+G[6]*KF[3]+G[5]*KF[4]+G[4]*KF[5]+G[3]*KF[6];
FM[2]:=G[2]*KF[1]+G[1]*KF[2]-G[5]*KF[3]+G[6]*KF[4]-G[3]*KF[5]+G[4]*KF[6];
IF M = 2 THEN  GOTO 5;
  FM[3]:=G[3]*KF[1]-G[4]*KF[2]+G[1]*KF[3]-G[2]*KF[4]+G[6]*KF[5]+G[5]*KF[6];
  FM[4]:=G[4]*KF[1]+G[3]*KF[2]+G[2]*KF[3]+G[1]*KF[4]-G[5]*KF[5]+G[6]*KF[6];
  FM[5]:=G[5]*KF[1]-G[6]*KF[2]+G[3]*KF[3]-G[4]*KF[4]+G[1]*KF[5]-G[2]*KF[6];
  FM[6]:=G[6]*KF[1]+G[5]*KF[2]+G[4]*KF[3]+G[3]*KF[4]+G[2]*KF[5]+G[1]*KF[6];
5:            END;
              .............
.......   GRZ:=1.0E15;  ......
.......   P:=PANF; T:=TANF; X:=PANF; Y:=TANF; KK:=PANF; LL:=TANF;   ..........
FZ[1]:=X;  FZ[2]:=Y;  FZ[3]:=P;  FZ[4]:=T;  FZ[5]:=KK;  FZ[6]:=LL;
F[1]:=X*X-Y*Y+2.0*(P*LL+T*KK);  F[2]:=2.0*(X*Y-P*KK+T*LL);
F[3]:=2.0*(X*P-Y*T+KK*LL);      F[4]:=2.0*(X*T+Y*P)-KK*KK+LL*LL;
F[5]:=2.0*(X*KK-Y*LL)+P*P-T*T;  F[6]:=2.0*(Y*KK+X*LL+P*T);
          FOR I:=1 TO 6 DO          FS[I]:=3.0*F[I];
 MULTI(F,FZ,FM,6);
          FOR I:=1 TO 6 DO          F[I]:=FM[I]+1.0;
FKK[1]:=FS[1]*FS[1]-FS[2]*FS[2]-FS[3]*FS[6]-FS[4]*FS[5];
FKK[4]:=FS[6]*FS[6]-FS[5]*FS[5]-FS[1]*FS[4]-FS[2]*FS[3];
FKK[5]:=FS[3]*FS[3]-FS[4]*FS[4]-FS[1]*FS[5]+FS[2]*FS[6];
FKK[2]:=2.0*FS[1]*FS[2]+FS[3]*FS[5]-FS[4]*FS[6];
FKK[3]:=2.0*FS[5]*FS[6]-FS[1]*FS[3]+FS[2]*FS[4];
FKK[6]:=2.0*FS[3]*FS[4]-FS[1]*FS[6]-FS[2]*FS[5];
 MULTI(FS,FKK,FM,2);      ES:=FM[1];  GS:=FM[2];
 IF (ABS(ES) > GRZ) OR (ABS(GS) > GRZ) THEN
      BEGIN  IG:=254; IG1:=254; GOTO 2; END;
 MULTI( F,FKK,FM,2);      FSB:=ES*ES+GS*GS;   (*  6 STATT 2 FUER STERN !  *)
 IF FSB < 1.0E-10 THEN BEGIN  IG:=0; IG1:=0; GOTO 2; END;
 IF (ABS(FM[1]) > GRZ) OR (ABS(FM[2]) > GRZ) THEN
      BEGIN  IG:=254; IG1:=254; GOTO 2; END;
 FDX:=(FM[1]*ES+FM[2]*GS)/FSB;    FDY:=(FM[2]*ES-FM[1]*GS)/FSB;
(*FDP:=(FM[3]*ES+FM[4]*GS)/FSB;   FDT:=(FM[4]*ES-FM[3]*GS)/FSB;
 FDK:=(FM[5]*ES+FM[6]*GS)/FSB;    FDL:=(FM[6]*ES-FM[5]*GS)/FSB;*)
          X:=X-FDX;    Y:=Y-FDY;
          (*P:=P-FDP;   T:=T-FDT;  KK:=KK-FDK;  LL:=LL-FDL;*)
```

```
(*   6-DIM NACH ANSATZ (3)    *)
       .......
PROCEDURE MULTI(KF,G:VEKTOR;VAR FM:VEKTOR;M:INTEGER);
LABEL 5;
VAR  H1,H2,H3,H4,H5,H6,H7,H8  : REAL;
BEGIN
H1:=G[5]+G[6]; H2:=G[3]-G[4]; H3:=G[5]-G[6]; H4:=-G[3]-G[4];
H5:=H1+H2;     H6:=H3+H4;     H7:=H4-H3;     H8:=H1-H2;
FM[1]:=KF[1]*G[1]-KF[2]*G[2]+KF[3]*H5+KF[4]*H6+KF[5]*H7+KF[6]*H8;
FM[2]:=KF[1]*G[2]+KF[2]*G[1]-KF[3]*H6+KF[4]*H5-KF[5]*H8+KF[6]*H7;
IF M = 2 THEN  GOTO 5;
 FM[3]:=KF[1]*G[3]-KF[2]*G[4]+KF[3]*G[1]-KF[4]*G[2];
 FM[4]:=KF[1]*G[4]+KF[2]*G[3]+KF[3]*G[2]+KF[4]*G[1];
 FM[5]:=KF[1]*G[5]-KF[2]*G[6]+KF[5]*G[1]-KF[6]*G[2];
 FM[6]:=KF[1]*G[6]+KF[2]*G[5]+KF[5]*G[2]+KF[6]*G[1];
5:            END;
              ............
FZ[1]:=X;  FZ[2]:=Y;  FZ[3]:=P;  FZ[4]:=T;  FZ[5]:=KK;  FZ[6]:=LL;
F[3]:=P*P-T*T-KK*KK+LL*LL;  F[4]:=2.0*(KK*LL-P*T);
F[1]:=X*X-Y*Y+F[3]+F[4];    F[2]:=F[3]+2.0*X*Y-F[4];
F[3]:=2.0*(X*P-Y*T);   F[4]:=2.0*(X*T+Y*P);
F[5]:=2.0*(X*KK-Y*LL); F[6]:=2.0*(X*LL+Y*KK);
          FOR I:=1 TO 6 DO          FS[I]:=3.0*F[I];
 MULTI(F,FZ,FM,6);
          FOR I:=1 TO 6 DO          F[I]:=FM[I]+1.0;
FKK[1]:=FS[1]; FKK[2]:=FS[2]; FOR I:=3 TO 6 DO FKK[I]:=-FS[I];
 MULTI(FS,FKK,FM,2);      ES:=FM[1];  GS:=FM[2];
 MULTI( F,FKK,FM,6);      FSB:=ES*ES+GS*GS;
 IF FSB < 1.0E-10 THEN BEGIN  IG:=0; IG1:=0; GOTO 2; END
 ELSE   BEGIN
FDX:=(FM[1]*ES+FM[2]*GS)/FSB;    FDY:=(FM[2]*ES-FM[1]*GS)/FSB;
FDP:=(FM[3]*ES+FM[4]*GS)/FSB;    FDT:=(FM[4]*ES-FM[3]*GS)/FSB;
FDK:=(FM[5]*ES+FM[6]*GS)/FSB;    FDL:=(FM[6]*ES-FM[5]*GS)/FSB;
          X:=X-FDX;  Y:=Y-FDY;
          P:=P-FDP;  T:=T-FDT;  KK:=KK-FDK;  LL:=LL-FDL;
        END;
```

Bild 2 Programmausschnitte für die Ansätze 2 und 3 Multiplikation der 6dimensionalen Arrays FM = KF · G

Vorteil, das Nullwerden einer Komponente sehen zu können. Der Farbwechsel mit einer glatten Linie hat allerdings nichts mit den Fraktalen zu tun. Um zusätzlich die für eine vorgegebene Genauigkeit benötigte Iterationszahl abzubilden, wird auf den Grundgrauwert die Anzahl addiert (beschränkt bis 50). Nun sind alle Einzugsgebiete doch noch zu trennen, weil dort die Konvergenz stark fällt. Zufällig wurden auf diese Weise die „Netze" und „Flügel" sichtbar, die aus sehr schmalen Bifurkationen des Hintergrundes bestehen (kleiner 10^{-6}). Größere Bifurkationen kann das Programm trennen und konkret in Grauwerte des A-Bildes umsetzen. Da wäre Grauwert 22 ein Zweierzyklus, 23 ein Dreierzyklus usw. bis 35.

Das B-Bild trennt exakt alle Attraktoren voneinander. Es sieht „sauberer" aus, berücksichtigt aber weder Konvergenz noch Bifurkationsverhalten. Man erkennt jetzt, zu welchem Attraktor die in Bild A herausgehobenen Zyklen gehören. Die Kodierung erfolgt durch asymmetrische Wichtung des letzten x-y-Paares (Zeile 84), um Fehler bei häufigen symmetrischen Lösungen auszuschalten. Für beide Bilder gleich markiert sind die Abbruchbedingungen bei Divergenz, Division durch Null und Überschreiten von 400 Iterationen.

Eingaben

Wegen der relativ langen Rechenzeiten erwies es sich als günstig, das Bild abschnittsweise zu erzeugen, d. h. mehrmals denselben *Task* zu starten. Im Dialog gibt man zuerst die beiden File-Namen ein (z. B. H1.A bzw. H1.B), dann von welcher Zeile bis zu welcher Zeile gerechnet werden soll. Diesen Abschnitt teilt das Programm als Zwischensicherung in drei File-Versionen auf. Die fertigen Einzelteile lassen sich problemlos aneinanderhängen. Zufällig stimmt die Blocklänge der SKR-Rechner mit der Bild-Zeilenlänge überein (512 Byte), so daß die Blockzahl als Zeilenanzahl zu lesen ist. Dadurch kann man ohne Notizen bei der richtigen Zeile fortsetzen.

Um Eingabefehler zu vermeiden, sind die eigentlichen Bildparameter (siehe Tafel 2) im Programm zu ändern (Zeilen 3 bis 6 und 38). Zum Beispiel ergibt sich schon eine neue Gleichung durch Änderung der K-Komponenten ($z^3 + K = 0$). Für neue quadratische Bildausschnitte ändert man die Parameter BREITE, VSX und VSY, die sich auf die Gesamtbildbreite und den neuen Bildmittelpunkt beziehen. Beispielsweise sind die Bilder 4 bis 6 (2. Umschlagseite) Details des Bildes 3 (2. US) und die Bilder 10 bis 12 (3. US) Details des Bildes 9 (3. US). Wenn man als Anfangswerte für alle x und y eine der drei Lösungen bei p = t = 0 wählt (Zeile 38), erhält das Gesamtbild eine Vierersymmetrie (Bild 9, 3. US). Jede Veränderung dieser Anfangswerte bis hin zu punktweisen Neuzuweisungen, wie im abgedruckten Programm, erzeugt andere Ausgangsbilder („Schnittebenen" der Funktion) mit neuartigen Details.

Durch Beseitigen der Kommentarklammern bei Zeilen 53, 59, 60 und Einordnen der Zeilen 39, 40 nach Zeile 46 wird der Doppelstern berechnet.

RISC-Architektur – Eine Übersicht

Prof. Dr. Dieter Jungmann
Informatik-Zentrum an der Technischen Universität Dresden, Wissenschaftsbereich Rechnersysteme

Nachdem in der Mikroprozessortechnik Heft 8/1987 die Frage „Was ist eine RISC-Architektur?" kurz beantwortet wurde, soll mit diesem Beitrag eine Übersicht geboten werden, die Ansatzpunkte für weiterführende Studien bietet.

Das Thema *RISC-Architektur* ist seit Anfang der 80er Jahre in den Gebieten *Rechnerarchitektur, Mikroprogrammierung* und *Compilerimplementierung* eines der häufigsten Themen.

Zentrales Problem ist dabei, ob die Computer mit komplexem Befehlssatz (CISC – Complex Instruction Set Computer), z. B. Computer-Modelle der Architektur IBM/370, VAX11 bzw. Mikroprozessoren der Architektur Motorola 68000 und Intel iAPX 386, durch Computer bzw. Mikroprozessoren mit reduziertem Befehlssatz (RISC = Reduced Instruction Set Computer) verdrängt werden. In Konferenzen und Fachzeitschriften, insbesondere der *Computer Architecture News*, werden neue Ergebnisse der RISC-Architektur-Forschung, -Entwicklung und -Anwendung vorgestellt sowie in Relation zur CISC-Architektur bzw. CISC-Architektur-Implementierung diskutiert. Dieser Beitrag versucht, die Hauptmerkmale der RISC-Architektur in Relation zur CISC-Architektur zu erläutern, einige typische RISC-Implementierungen kurz vorzustellen und eine Einschätzung der perspektivischen Entwicklung zu geben.

Einordnung der RISC-Architektur

In den 70er Jahren hatte sich international die Anwendung höherer Programmiersprachen (HLL = high-level-language) generell durchgesetzt, und nur in Ausnahmefällen, wie dem Kern eines Betriebssystems, wurde noch die Assemblersprache angewendet. *Wirth* verzichtete in seinem Personalcomputer-Projekt LILITH /1/ auf der Basis der Systemprogrammiersprache Modula-2 generell auf die Assemblersprache.

Mit der allgemeinen Zielstellung: *Reduzierung der semantischen Lücke zwischen HLL und ISP* (Instruction Set Processor) *bzw. der Hardware* entstand innerhalb der Rechnerarchitektur das Teilgebiet *HLL-Architektur* mit einer Vielzahl von Architekturimplementierungen, den HLL-Maschinen.

Bis zur Veröffentlichung von *Patterson* /2/ galt als generell akzeptiert, daß das ISP-Niveau durch Hardware, insbesondere aber Firmware (Mikroprogramme) auf das Niveau von HLL-Anweisungen angehoben wird. Im Ergebnis umfangreicher statistischer Untersuchungen, wie in /3/, wird nachgewiesen, daß gerade das Gegenteil, ein auf schnelle und leistungsfähige Befehle reduzierter Befehlssatz, die ideale HLL-Architektur ist.

Typische Merkmale

In Übereinstimmung mit umfangreichen Abhandlungen zum Thema RISC-Architektur (z. B. in /4/ und /5/) sind folgende Merkmale in ihrer Einheit bestimmend:

① Ein-Zyklus-Operationen
Es werden bis auf die Ausnahme ② nur solche Befehle ausgewählt, die in einem Zyklus ausführbar sind; damit werden schnelle Ausführung und zusätzlich effektive Pipeline-Organisation ermöglicht.

② Load/Store-Architektur
Es ist nur der Transport zwischen einem oder mehreren Registersätzen und dem Speicher zulässig; es sind nur 2 Maschinentakte nötig, aber kein orthogonales Befehlssystem.

③ Verzicht auf Microcode
Die Merkmale ① und ② ermöglichen und erfordern zugleich, daß anstelle der bisher üblichen Mikroprogramme eine festverdrahtete Steuerung verwendet wird.

④ Wenige Befehle und Adressierungsarten
Dadurch wird eine kompakte Codierung und schnelle Ausführung möglich. Typische Befehle sind:
ADD, SUB, AND, OR, XOR, SLL, SRL, SRA, LOAD, STORE, CALL, RET, IMP.
Typische Adressierungsarten sind: Register, Register-Indirekt, Direktwert, PC-relativ, Indexmodifikation.

⑤ Einheitliches Befehlsformat
Dadurch wird ebenfalls eine effektive Dekodierung möglich, verursacht wird aber ein erhöhter Speicherplatzaufwand (generell 32 Bit pro Befehl ist typisch).

⑥ Aufwandsverlagerung in den Compiler
Dazu zählt die Überwachung und Optimierung der Pipelineorganisation und die Softwareimplementierung komplexer Datentypen.

⑦ Reduzierung komplexer zugunsten regulärer Hardware-Strukturen
Dieses Merkmal ist insbesondere für RISC-Mikroprozessoren als VLSI-Realisierung von Bedeutung: drastische Reduzierung des Entwurfsaufwandes, Erhöhung der Ausbeute, maximale Verarbeitungsleistung pro Chipfläche. *Li* bezeichnet in /6/ den RISC-Entwurf aufgrund des geringen Anteiles an irregulärer Steuerlogik und eines hohen Anteiles an regulärer Speicherlogik durch große und mehrere Registersätze als *Data-Storage-(DS-)* Methode. Die Anwendung mehrerer Registersätze ist jedoch kein typisches RISC-Merkmal. Beim gegenwärtigen Entwicklungsstand wird bei RISC jedoch die Implementierung begünstigt.

Implementierungen

Obwohl es allgemein anerkannte RISC-Merkmale gibt, hat sich keine einheitliche RISC-Architektur auf ISP-Ebene durchgesetzt. Damit wird die bestehende Vielfalt an 32-Bit-Mikroprozessoren /7/, /8/ noch erweitert. Nach bisherigen Erfahrungen aus der 8- und 16-Bit-Mikroprozessortechnik setzen sich jedoch nur wenige Mikroprozessorarchitekturen durch. Nach *Tredennick* /9/ werden es im Höchstfall 5 verschiedene 32-Bit-Architekturen sein. Nachfolgend werden Kurzcharakteristiken einiger RISC-Projekte dargestellt.

IBM 801
- Erste experimentelle RISC-Kleinrechner-Implementierung auf der Basis von ECL-Standardschaltkreisen
- Beginn der Arbeiten bereits 1975
- industrielle Überführung in der Workstation IBM 6150, die in den USA als IBM PC/RT (RT = RISC-Technologie) bezeichnet wird
- Verwendung als VLSI-Prozessorelement in einem Parallelrechner-Forschungsprojekt

RISC I/II
- Erste VLSI-Implementierung von 1980-1982 an der Universität Berkeley /3/
- zielt auf effektive C-Implementierung sowie UNIX als Betriebssystem
- Ziele von Folgeprojekten:
  – RISC II hat Cache und Befehlsexpander für häufige 16-Bit-Befehle
  – Smalltalk-HLL-Maschine mit SOAR-Prozessor – Prototyp des von Sun entworfenen und von Fujitsu produzierten SPARC
  – SPUR-Projekt: Mehrprozessorsystem für Symbolverarbeitung

MIPS
- Zunächst Forschungsarbeiten am MIPS-VLSI-Prozessor von Stanfort
- Besonderes Merkmal ist die Pipeline-Überwachung durch den Compiler
- Die Entwickler gründeten die Firma MIPS.
- Die industrielle Entwicklung hat 10 MIPS und ist als Spezialprozessor für OEM-Einsatz vorgesehen (MIPS = Million Operationen pro Sekunde).

Harris Corporation/HSX-7
- In /10/ wird ein RISC-Superminicomputer auf der Basis des STTL-Bit-Slice-Systems AM2900 vorgestellt, das über eine Leistung von 7 MIPS verfügt.

Ridge Computers/Bull SPS 9
- Kleinrechnerimplementierung auf der Basis von High-Speed-Schottky-TTL (400 LSI/MSI-Schaltkreise)

Pyramid Technology Corp./Nixdorf-Targon 35
- Mehrbenutzersystem auf UNIX-Basis mit STTL
- Leistung 3,2 MIPS
- Zwei-Prozessor-Modell vorgesehen

HP-Precision Architecture
- Es wurde ein Familienkonzept auf der Basis einer Architektur und mehrerer Schaltkreistechnologien geplant (von CMOS über ECL bis GaAs)
- z. Z. max. 6,7 MIPS
- Die Kompatibilität zur Vorgänger-CISC-Architektur wird durch zeituneffektive Simulation gewährleistet.

Inmos-Transputer T414
- Ein-Chip-Mikrorechner mit 2 KByte RAM und 4 Link-Kanälen zur Realisierung von hochgradigen Parallelrechnern
- von Floating-Point-Systems auf der Basis der Hypercube-Technologie in Supercomputern im *GFlops*-Bereich eingesetzt (GFLOPS = Milliarde Gleitkomma-Operationen pro Sekunde).

AMD 29000/29300
- CMOS- bzw. bipolare Implementierung von *Function-Slice-Elementen*
- Es sind sowohl RISC- als auch CISC-Prozessoren realisierbar.

Fairchild/Clipper
- *Clipper* /11/ ist ein Hochleistungs-CMOS-Mikroprozessor mit einer Taktfrequenz von 33 MHz
- Der Spitzenleistung von 33 MIPS steht eine mittlere Leistung von 5 MIPS gegenüber
- wird ebenfalls unter UNIX betrieben.

Bewertung und Trendeinschätzung

Wilkes, der Urheber der Mikroprogrammierung und damit der CISC-Prozessoren, schätzt in /12/ ein, daß die Codeverschwendung bei RISC auf längere Sicht nicht ver-

nachlässigbar ist. Tredennick, der Hauptentwickler des MC 68000 und der Micro 370 von IBM, schätzt in /9/ ein, daß RISC-VLSI-Prozessoren lediglich einen festen Platz bei der konsequenten Fortsetzung der Bit-Slice-Mikroprogrammierungs-Kultur haben (AM29000/AM29300). Die Hauptlinien der Entwicklung werden Erweiterungen gegenwärtig dominierender CISC-Mikroprozessoren, wie MC 68030 und japanische 32-Bit-Mikroprozessoren, sein.
Diese Einschätzung wird von Tredennick auf der Basis von Silizium-Halbleitertechnologien getroffen. Erste Forschungsarbeiten auf dem Gebiet der GaAs-Prozessoren haben zunächst eindeutig der RISC-Architektur wegen des geringeren Integrationsniveaus und des großen Anstieges der Laufzeiten in Abhängigkeit vom Signalweg den Vorrang gegeben.
Universelle RISC-Prozessoren werden eindeutig von der Klasse der UNIX-kompatiblen Betriebssysteme unterstützt und sind damit mindestens von der weiteren Verbreitung der reinen UNIX-Anwendung abhängig. Zu beachten ist dabei jedoch, daß der zur Zeit weit verbreitete 32-Bit-Mikroprozessor MC 68020 ebenfalls überwiegend mit UNIX betrieben wird.
Die Anwendung von speziellen RISC-Prozessoren, wie dem Transputer, zur Realisierung hochgradiger Multiprozessorsysteme in der Klasse Supercomputer hat Aussicht auf einen dauerhaften Erfolg, weil damit die Möglichkeit besteht, mit steigendem Integrationsgrad eine maximale Anzahl von Prozessoren auf einem Chip zu integrieren.
Der Marktführer für 32-Bit-Mini-, Supermini- und Mehrplatzsysteme DEC gibt in diesem Sinne ebenfalls zu verstehen, daß die RISC-Architektur keine Alternative zur VAX-Architektur darstellt.
Die Hauptarchitekturlinie Japans kann /13/ und /14/ zufolge TRON heißen. Die diesem Projekt zugrundeliegende TRON-VLSI-CPU hat eine eindeutige CISC-Charakteristik, ermöglicht aber die Abarbeitung der am häufigsten verwendeten CISC-Untermenge nach einer RISC-Charakteristik. Der Architekturentwurf ist als offenes Konzept analog OSI langfristig angelegt, denn es ist nach den ersten 32-Bit-VLSI-Implementierungen bereits ein Ausbau zu 48-Bit-Adressierungsweite und einer vollen 64-Bit-Architektur vorgesehen.
Das in Japan erreichte technologische Niveau in der Mikroelektronik- und Computerproduktion sowie die seit 1986 übernommene Führungsrolle in der Mikroelektronikproduktion in Verbindung mit dem Architekturkonzept TRON kann auch zur Beherrschung des Computermarktes führen, insbesondere in den Positionen Hochleistungscomputer und Industriecomputer.

Zusammenfassung

Prozessoren und Systeme mit RISC-Architektur wurden in relativ kurzer Frist und großer Breite aus dem Forschungsstadium in industrielle Entwicklungen überführt. Besondere Bedeutung hat die RISC-Architektur für 32-Bit-VLSI-Prozessoren in Verbindung mit dem Betriebssystem UNIX in der Computer-Leistungsklasse Workstation erlangt. Trotz der hohen Leistungsfähigkeit, der einfachen Entwerfbarkeit und hohen Ausbeute durch weitgehend reguläre Strukturen haben Mikroprozessoren mit 32-Bit-RISC-Architektur im Vergleich zu bereits länger eingeführten Mikroprozessoren mit CISC-Architektur, wie MC 68000/68020, iAPX 286/386 und VAX11/MicroVAXII, keinen Durchbruch erzielt. Mit zunehmendem Integrationsgrad und dem Erscheinen von völlig neuen CISC-Architekturen mit RISC-Anteil, wie die auf 64 Bit vorbereitete 32-Bit-TRON-Architektur der Japaner, sinkt die Wahrscheinlichkeit für eine RISC-Dominanz. Dagegen werden RISC-Spezialprozessoren, wie der Transputer, eine langfristige Perspektive haben.
Bei Hochgeschwindigkeitstechnologien wie ECL und GaAs ermöglicht die RISC-Methode, zu einem frühen Zeitpunkt 32-Bit-Einchip-Prozessoren zu realisieren oder bei der CMOS-Technologie die mit einem geringeren Entwicklungsaufwand verbundene Gate-Array-Entwurfsmethode anzuwenden.

Literatur

/1/ Wirth, N.: LILITH: A Personal Computer for the Software Engineer. Microcomputer System Design, LNCS 126, Springer-Verlag 1982
/2/ Patterson, D. A.; Ditzel, D. R.: Retrospective on High-Level Language Computer Architecture. 7th Annual Symp. on Comp. Architecture 1980
/3/ Patterson, D. A.; Piepho, R. S.: RISC-Accessment: A High-Level-Language Experiment. 9th Int. Symp. on Comp. Arch. 1982
/4/ Calwell, R. D.: Instruction Sets and Beyond: Computers, Complexity and Contraversy. Computer-Journal Sept. 1985, S. 8
/5/ Klein, A.: Redused Instruction Set Computers – Grundprinzipien einer neuen Prozessorarchitektur. Informatik-Spektrum, Band 9, Heft 6, Dez. 1986
/6/ Li, T.: A VLSI View of Microprogrammed System Design. 15th An. Micropr. Workshop (MICRO 15) 1982, S. 96
/7/ Myers, G. J.; Yu, Y. C.; Hanse, D. L.: Microprozessor Technology Trends. Proc. of the IEEE, Vol. 74 (1986) 12, S. 1605
/8/ Milutinovic, F.; Silbey, G.: A Survey of Advanced Microprocessors and HLL-Computer Architectures. Computer, Aug. 1986, S. 72
/9/ Tredennick, N.: The Impact of VLSI on Microprogramming. MICRO (1986) 19, S. 2
/10/ Killman, P.: Minicomputer Takes Simple Route to Speed UNIX. Computer Design 33 (1985) 24
/11/ Sachs, H.: A High Performance 846000 Transistor UNIX Engine – The Fairchild Clipper. Proceedings ICCD85 1985
/12/ Wilkes, M.: The Processor Instruction Set. MICRO (1982) 15
/13/ Sakamura, K.: The TRON Project. IEEE Micro, April 1987, S. 8
/14/ Sakamura, K.: Architecture of the TRON VLSI CPU. IEEE Micro, April 1987, S. 17

KONTAKT

Informatik-Zentrum des Hochschulwesens an der TU Dresden, WB Rechnersystem/LB Rechnerarchitektur, Mommsenstraße 13, Dresden, 8027; Tel. 4575321

Filterprogramme und Pipes unter MS-DOS

Frank Lindner, Weimar

Der Artikel behandelt die grundlegenden Voraussetzungen des Betriebssystems MS-DOS zur E/A-Umlenkung und die daraus resultierenden Möglichkeiten der Nutzung von Filtern und Pipes.
Insbesondere wird die Erstellung von Filterprogrammen mit TURBO-PASCAL (V.3.01) dargestellt und an einem Beispiel erläutert. Als Schlußteil folgt eine Darstellung der Mechanismen auf Assemblerebene, ebenfalls mit einem Beispiel.

Grundlagen

Voraussetzung für die Funktion von **Filtern** und **Pipes** ist die Möglichkeit der Ein-/Ausgabe-Umlenkung (E/A-Umlenkung). Der Vorgang der E/A-Umlenkung wird als I/O-Redirection bezeichnet. Sein Ursprung liegt im Betriebssystem UNIX /1/. Er ist Konsequenz der Realisierung moderner Systemkonzepte, wie Modularisierung und Hardwareunabhängigkeit.
Den Ausgangspunkt bildet die Definition logischer Ein-/Ausgabe-Kanäle. Über diese Kanäle realisiert der Problemprogrammierer die Ein- und Ausgabe seiner Daten. Damit wird der Programmierer unabhängig von den physischen Quellen und Zielen. Für die Zuordnung dieser standardisierten Kanäle zu den entsprechenden Geräten sorgt dann die Systemsoftware der konkret konfigurierten Anlage des Anwenders. Die vorgegebenen Kanäle sind:
Standardeingabe, -ausgabe, -fehlerausgabe, und -listgerät sowie standard-auxiliary I/O.
Gibt also ein Programm seine Fehlermeldungen über die Standardfehlerausgabe aus, kann es davon ausgehen, daß diese Meldungen auf einem Gerät abgebildet werden, auf welchem die Fehlermeldung wahrgenommen wird. Ob dieses Gerät in der genutzten Anlage ein Bildschirm, Drucker o. a. ist, ist für die Programmierung ohne Belang.
Während die Zuordnung der Kanäle Standardfehlerausgabe, -listgerät und standard-auxiliary I/O vom Nutzer der Anlage nicht geändert werden kann, gibt es für die Standardeingabe und -ausgabe, die beide üblicherweise dem Bedienerterminal zugeordnet sind, die Möglichkeit der Zuordnungsänderung. Diese Möglichkeit ist der Inhalt der E/A-Umlenkung.
Die Umlenkung erfolgt durch die Angabe folgender Operatoren in der Eingabezeile des Kommandoprozessors (COMMAND.COM):
< infile – Eingabe erfolgt von Datei infile
> outfile – Ausgabe erfolgt auf Datei outfile; outfile wird neu angelegt
>> outfile – Ausgabe wird an bestehende Datei outfile angehängt
pl|p2|... – Ausgabe von Programm pl wird als Eingabe an Programm p2 weitergegeben (Pipeoperator) und so fort...
Bemerkung: Als infile bzw. outfile können auch unter MSDOS gültige Gerätenamen verwendet werden, sofern dies sinnvoll ist.
Beispiele:
type ascii.doc > PRN
type ascii. mst > NUL
Aus der Verwendung der angegebenen Zeichen als derartige Operatoren erklärt sich das Verbot ihrer Nutzung in Dateinamen. Die Anweisungen zur E/A-Umlenkung können an beliebiger Stelle in der Kommandozeile aufgeführt werden.
Systeminterne Grundlage der Realisierung dieser Konzeption bildet die gleichartige Behandlung von Dateien und E/A-Kanälen an der Programmierschnittstelle des Betriebssystems.
Die Systemfunktionen von MS-DOS, ab Version 2.xx, lassen sich einteilen in die Gruppe der CP/M-ähnlichen Systemfunktionen und

die Menge der XENIX-ähnlichen Systemfunktionen (XENIX ist ein UNIX-kompatibles Betriebssystem der Firma Microsoft, von der ebenfalls MS-DOS vertrieben wird).

Das Vorhandensein dieser beiden Gruppen von Systemfunktionen ist historisch begründet (siehe dazu /2/).

Durch die Aufnahme der XENIX-ähnlichen Funktionen ab Version 2.xx in den Leistungsumfang von MS-DOS wurden die oben genannten notwendigen Grundlagen geschaffen.

Als Filterprogramme werden Softwarelösungen verstanden, die Daten von der Standardeingabe empfangen, in einer beliebigen Art und Weise manipulieren und auf die Standardausgabe ausgeben.

Diese Programme lassen sich miteinander zu sogenannten Pipes (Röhren) in der Art verketten, daß jeweils die Ausgabe auf den *stdout*-Kanal des Vorläuferprogramms die Eingabe über den *stdin*-Kanal für das folgende Programm darstellt. Die Daten werden sinngemäß durch eine *Röhre* gesandt und während des Durchlaufs in den verschiedenen *eingebauten Filtern* manipuliert.

Beispiele für Filterprogramme sind die zum Systemumfang zählenden externen MS-DOS-Befehle SORT, FIND und MORE.

Bei der Abarbeitung von Pipes werden von MSDOS Zwischendateien zur Pufferung der Daten auf externen Speichermedien angelegt.

Unter Version 2.xx erhalten diese Zwischendateien Dateinamen der Form %PIPExxx.$$$, in den Versionen 3.xx wird wegen der Netzwerkfähigkeit und der damit möglichen Zugriffskonflikte der Name aus der aktuellen Systemzeit gebildet (Stunden, Minuten, Sekunden, Hundertstelsekunden in hexadezimaler Form).

Diese Dateien werden von MS-DOS selbst wieder entfernt.

Das Anfertigen von Filterprogrammen und ihre Kombinationsmöglichkeit stellt eine geeignete und schnelle Methode dar, Anforderungen des Nutzers bzw. von Nutzerprogrammen gerecht zu werden, ohne bestehende Lösungen komplex bearbeiten zu müssen.

Darüber hinaus ist es möglich, vorhandene Lösungen für eigene Zwecke zu nutzen und Programme zu erstellen, die oft und flexibel genutzt werden können. Damit wird die Modularisierung von einzelnen Programmfunktionen in kleinen Programmeinheiten unterstützt.

Ein deutliches Beispiel hierfür ist der Filter MORE, der die seitenweise Datenausgabe, bezogen auf den Bildschirm, für den Standardausgabekanal organisiert.

DIR|MORE bewirkt die seitenweise Ausgabe des Inhaltes der Diskette;

Type text|MORE die seitenweise Ausgabe des Inhaltes der Datei **text**.

Einige Bemerkungen zur Programmierung sollen im folgenden gemacht werden. Zu Beginn stehen Aussagen, die speziell die Programmierung von Filterprogrammen in **TURBO-PASCAL** erläutern.

Um den Mechanismus allgemeingültiger darstellen zu können, im Anschluß einige Erklärungen für die systemnahe Programmierung und ein in Assembler gefertigtes Beispiel.

Zusätzlich sind Informationen zu den notwendigen Systemfunktionen gegeben, um bei Bedarf Zusätze für andere Sprachen erstellen zu können oder auch um auf Assemblerebene programmieren zu können.

Bild 1 Nutzung der Standardkanäle mit Turbo-Pascal (V. 3.xx)

```
program StdIO;

type Wrkstring = String[80];

var  Std_INP,
     Std_OUT,
     Std_ERR     : Text;
     S           : Wrkstring;

begin
     assign  ( Std_INP,'INP:' ) ; { Filevariablen zuweisen }
     assign  ( Std_OUT,'OUT:' ) ;
     assign  ( Std_ERR,'ERR:' ) ;
     reset   ( Std_INP ) ;                { Oeffnen der Kanaele }
     rewrite ( Std_OUT ) ;
     rewrite ( Std_ERR ) ;
     readln  ( Std_INP,S ) ;              { Benutzung ... }
     writeln ( Std_OUT,S ) ;
     writeln ( Std_ERR,S ) ;
     close   ( Std_INP ) ;                { Schliessen der Kanaele }
     close   ( Std_OUT ) ;
     close   ( Std_ERR ) ;
end.   { StdIO }
```

```
{_____________________________________________________________________

 FLI               TABFIL  ( VERS. 2.0 )               11. Oktober 1987
 --------------------------------------------------------------------

 PROGRAMMERSTELLER:  F. Lindner   5300 Weimar  Th.- Muentzer - Str.7

 LEISTUNG:           Dieser Filter kopiert von der Standardeingabe nach
                     der Standardausgabe und formt dabei alle Tabs in
                     Leerzeichen um.
                     Aufruf :  TABFIL < Alt.Ext > Neu.Ext

 --------------------------------------------------------------------}

{$G16384,P16384,D-}      { Direktiven setzen, Puffer jeweils = 16kByte }

program TabFil;

var       S                          : String[255];
          i                          : Byte;
          InS                        : String[8];
          Pos_Tab, Spc,
          Anf_Such, Ber_Pos, C_Chr : Integer;

const     Tab = ^I;

begin
      while not EoF do begin                    { bis Ende des Files ..... }
        ReadLn ( S );                           { zeilenweise Lesen ...... }
        Anf_Such := 1;                          { Laufvar. initialisieren. }
        C_Chr    := 0;                          { bis jetzt keine Steuerz. }
        Pos_Tab  := Pos ( Tab, S );             { ersten Tab suchen ...... }
        while Pos_Tab <> 0 do begin             { bis keine Tab's mehr in S}
          for i:= Anf_Such to Pos_Tab - 1 do    { Steuerzeichen suchen ... }
          begin
            case S [i] of
              ^A..^G : C_Chr := C_Chr + 1;      { allgemeine Steuerzeichen }
                  ^H : C_Chr := C_Chr + 2;      { BACKSPACE .............. }
              ^J..^_ : C_Chr := C_Chr + 1;      { allgemeine Steuerzeichen }
            end;   { case ... }
          end;   { for i... }
          Ber_Pos := Pos_Tab - C_Chr;           { Steuerz. beruecksichtigen}
          Spc := ( 8 - ( Ber_Pos mod 8 ) ) and 7; { Anz. Leerz. ermitteln}
          InS := '';                            { String z. Einf. loeschen }
          for i := 1 to Spc do InS := InS + ' '; { String z. Einf. aufb. }
          S [ Pos_Tab ] := ' ';                 { Tab loeschen ........... }
          Insert ( InS, S, Pos_Tab );           { Leerzeichen einfuegen .. }
          Anf_Such := Pos_Tab + Spc + 1;        { Durchsuchen zwecklos ... }
          Pos_Tab := Pos ( Tab, S );            { naechsten Tab suchen ... }
        end;   { while Pos_Tab... }
       WriteLn(S);                              { zeilenweise Ausgeben ... }
      end;   { while not EoF... }
end.  { TabFil }
```

Bild 2 TabFil – ein Filter in Turbo-Pascal (V. 3.xx)

Filter in TURBO-PASCAL

TURBO-PASCAL (Version 3.xx) unterstützt in zwei Formen die oben erläuterten Mechanismen.

In der Implementation des TURBO-PASCAL System für MS-DOS werden die Möglichkeiten der E/A Umlenkung gezielt unterstützt. Neben dieser Unterstützung existieren drei dem TURBO-PASCAL-System bekannte logische Geräte (INP:, OUT:, ERR:), die den expliziten Zugriff auf die Standardeingabe, -ausgabe und -fehlerausgabe ermöglichen. Die Zuordnung der logischen Geräte zu den genannten E/A-Kanälen ist der Mnemomik eindeutig zu entnehmen. Allerdings existieren für diese Geräte keine Standardfilevariablen, wie AUX für COM1:. Die Filevariablen müssen vom Programmierer daher selbst zugewiesen, die Files eröffnet und geschlossen werden. Die genannten Geräte können beliebigen typisierten und nichttypisierten Files zugeordnet werden. Das grundsätzliche Vorgehen zeigt Bild 1.

Die Programmiermethode zur Nutzung der E/A Umlenkung basiert auf drei Compilerdirektiven.

$D (Voreinstellung: $D+)

Diese Direktive beeinflußt die Art der Ein- und Ausgabe auf folgende Weise:

Ist die Direktive aktiv ($D+), erfolgt beim Eröffnen einer Textdatei (Reset, Rewrite, Append) eine Anfrage an das Betriebssystem,

ob es sich um eine Plattendatei oder ein Gerät handelt.
In Abhängigkeit vom Resultat erfolgt die E/A von und zu Geräten zeichenweise bzw. von und zu Dateien gepuffert. Wird diese Compilerdirektive negiert ($D-), erfolgt die Anfrage nicht, und eine gepufferte Ein- und Ausgabe auf logischen Geräten zugeordneten Dateien wird möglich.
Mit dem Aufruf der Flush-Prozedur kann in diesem Fall die restlose Ausgabe des Pufferinhaltes gesichtert werden.
$Gx (Voreinstellung: $G0; G = Get)
Diese Direktive dient dem Anlegen eines Eingabepuffers; x ist ein Platzhalter für die geforderte Größe des Puffers in Byte. Ist die Puffergröße 0, wird die Eingabedatei (INPUT) CON: oder TRM: zugeordnet. Die Standardeingabe von MS-DOS wird benutzt, wenn die Puffergröße größer 0 ist.
$Px (Voreinstellung: $P0; P = Put)
Bei dieser Compilerdirektive steht x für die Größe des Ausgabepuffers in Byte. Ist die Puffergröße 0, wird die Ausgabedatei (OUTPUT) CON: oder TRM: zugeordnet. Die Standardausgabe von MS-DOS wird benutzt, wenn die Puffergröße größer 0 angegeben wird.
Alle drei Compilerdirektiven müssen am Anfang des Programms, noch vor dem Deklarationsteil, stehen und können demgemäß innerhalb eines Programms nicht geändert werden!
Bild 2 zeigt das Listing eines Filters als TURBO-PASCAL-Quelltext (TABFIL).
Aus diesem Beispiel kann der an sich unproblematische *Rahmen* eines Filterprogramms entnommen werden. Er besteht aus erstens dem Setzen der Compilerdirektiven in Zeile 14 und zweitens der „while not EoF"-Schleife in Zeile 27.
Funktion dieses Filters ist es, die in einem Textfile enthaltenen Steuerzeichen für die Ausführung von Horizontaltabulatorsprüngen (ASCII-Code=09) durch die notwendige Anzahl von Leerzeichen zu ersetzen.
Dies ist insbesondere dann sinnvoll, wenn man Textfiles, die das Steuerzeichen 09 enthalten mit dem TURBO-Editor bearbeiten möchte. Der Tabulatorsprung wird von diesem Editor nicht ausgeführt, sondern als Steuerzeichen ^I angezeigt. Besonders deutliche Beispiele sind .LST-Files, die in jeder Zeile mehrere Tabulatoren enthalten. Zusätzlich berücksichtigt wird die Wirkung des Steuerzeichens 08 (Backspace: löscht das vorhergehende Zeichen) und das Vorhandensein von Steuerzeichen, die selbst keine gültigen „Textzeichen" darstellen.
Grundsätzlich ist auch die E/A für Programme umlenkbar, die Eingabe von CON:, TRM: oder KBD: erwarten bzw. Ausgaben über diese logischen Geräte realisieren. Für die Eingaben wird dann die Funktion ConIn genutzt, die ihrerseits in MSDOS-Funktion 8 aufruft und für die Ausgaben die Prozedur ConOut, welche die MSDOS-Funktion 2 verwendet.
Beides sind *CP/M-ähnliche* MSDOS-Systemfunktionen.
Da ein Filter die Programmbeendigung in aller Regel vom Ende der bearbeiteten Datei abhängig machen muß, kommt der Funktion EoF tragende Bedeutung zu. Bei Verwendung dieser Funktion in Zusammenhang mit den logischen Geräten CON:, TRM: und KBD: gibt EoF jedoch nur dann den Wert **wahr** zurück, wenn das Dateiendekennzeichen ^Z (=IAH) erkannt wird.

```
PAGE      65,120
TITLE     UPCASE - Umwandlung von Klein- in Groszbuchstaben
NAME      UPCASE
;         AUTOR:           F. Lindner      5300 Weimar   Th.-Muentzer-Str. 7
;         ASSEMBLER:       MASM    V. 4.0  (LINK   V. 3.04)

HANDLE_IN          EQU      00H      ;Filehandle fuer Standardeingabe
HANDLE_OUT         EQU      01H      ;Filehandle fuer Standardausgabe
HANDLE_ERR         EQU      02H      ;Filehandle fuer Standardfehlerausgabe
MSDOS              EQU      021H     ;Interrupt fuer verwendete MSDOS-Funkt.
READ               EQU      03FH     ;Funktionsnummer fuer Lesen
WRITE              EQU      040H     ;Funktionsnummer fuer Schreiben
EXIT               EQU      04CH     ;Funktionsnummer fuer Programmbeendigung
REQ_NUM            EQU      4096     ;angeforderte Zeichenzahl = Puffergroesze
a                  EQU      061H     ;Code fuer 'a' im 7-Bit ASCII-Zeichensatz
z                  EQU      07AH     ;Code fuer 'z' im 7-Bit ASCII-Zeichensatz
CR_LF              EQU      0A0DH    ;Code fuer Carrige Return & Line Feed

;Datenbereich...

DATA     SEGMENT 'DATA'

ERR_TXT1           DW       CR_LF,
                   DB       '*** UPCASE: Eingabefunktion (3FH) meldet Fehler'
                   DB       ' beim Einlesen von der Standardeingabe',
                   DW       CR_LF
LEN_TXT1 = $ - OFFSET ERR_TXT1  ;Textlaenge ermitteln
ERR_TXT2           DW       CR_LF,
                   DB       '*** UPCASE: Ausgabefunktion (40H) meldet Fehler'
                   DB       ' beim Schreiben auf die Standardausgabe',
                   DW       CR_LF
LEN_TXT2 = $ - OFFSET ERR_TXT2
ERR_TXT3           DW       CR_LF,
                   DB       '*** UPCASE: allgemeiner Fehler beim Schreiben',
                   DW       CR_LF,
                   DB       '*** --""--: Disk voll ?'
                   DW       CR_LF,
                   DB       '*** --""--: Ausgabe auf Geraet (PRN:/CON:..) ?',
                   DW       CR_LF
LEN_TXT3 = $ - OFFSET ERR_TXT3
BUFFER             DB       REQ_NUM DUP (?)        ;Puffer fuer E/A
ERR_LEVEL          DB       0        ;Beendigungscode fuer Umgebung
ACT_NUM            DW       0        ;aktuell gelesene Zeichenzahl
EOF                DB       0        ;Kennzeichen fuer End of File

DATA     ENDS

;Programmcode...

CODE     SEGMENT 'CODE'
ASSUME   CS:CODE, DS:DATA
BEGIN:
         MOV      AX,DATA
         MOV      DS,AX
         MOV      ES,AX              ;Daten- und Extrasegment initialisieren
         CALL     STD_IN             ;Zeichen in Puffer lesen
         CMP      ERR_LEVEL,00       ;Fehler aufgetreten ?
         JNE      EXIT_PROG          ;wenn ja Programm abbrechen
         MOV      CX,ACT_NUM         ;Anzahl der gelesenen Zeichen nach CX
         CMP      CX,00              ;kein Zeichen gelesen ?
         JE       EXIT_PROG          ;Programm beenden
         CMP      CX,REQ_NUM         ;volle geforderte Zeichenanzahl gelesen ?
         JE       CONTINUE
         MOV      EOF,0FFH           ;wenn nicht --> Endekennzeichen laden
CONTINUE:
         MOV      DI,OFFSET BUFFER         ;Beginn Puffer nach DI
LOAD:
         MOV      AL,[DI]            ;Zeichen holen
         CMP      AL,a               ;Codes vergleichen: < a ?
         JB       NO_CONV            ;wenn ja keine Konvertierung notwendig
         CMP      AL,z               ;Codes vergleichen: > z ?
         JA       NO_CONV            ;wenn ja keine Konvertierung notwendig
         SUB      AL,020H            ;konvertieren
         MOV      [DI],AL            ;und zurueckspeichern
NO_CONV:
         INC      DI                 ;Pufferzeiger weitersetzen
         DEC      CX                 ;Zaehler := Zaehler - 1
         CMP      CX,00              ;alle Zeichen bearbeitet ?
         JNZ      LOAD               ;wenn nicht, naechstes Zeichen laden
         CALL     STD_OUT            ;Puffer nach Bearbeitung ausgeben
         CMP      ERR_LEVEL,00       ;Fehler aufgetreten
         JNE      EXIT_PROG          ;wenn ja Programm abbrechen
         CMP      EOF,0FFH           ;Dateiende erreicht ?
         JNE      BEGIN              ;wenn nicht, naechsten Block laden
EXIT_PROG:
         MOV      AL,ERR_LEVEL       ;ERRORLEVEL (fuer Umgebung ) setzen
         MOV      AH,EXIT
         INT      MSDOS              ;Programm beenden


STD_IN   PROC

         MOV      AH,READ            ;Funktionsnummer laden
         MOV      BX,HANDLE_IN       ;Filehandle fuer Standardeing. als Kanal
                                     ;zur Eingabe
         MOV      CX,REQ_NUM         ;Anzahl der geforderten Zeichen
         MOV      DX,OFFSET BUFFER         ;Puffer adressieren
         INT      MSDOS              ;Funktion ausfuehren lassen
         MOV      ACT_NUM,AX         ;tatsaechlich geles. Zeichenz. speichern
         JNC      RET_IN             ;falls kein Fehler auftrat zurueck
         MOV      ERR_LEVEL,01H      ;ansonsten: ERR_LEVEL setzen
         MOV      CX,LEN_TXT1              ;  Laenge Fehlertext nach CX
         MOV      DX,OFFSET ERR_TXT1       ;  Adresse Fehlertext nach DX
         CALL     STD_ERR                  ;  Fehler ausgeben
```

```
105: RET_IN:
106:          RET                             ;zurueck zum Hauptprogramm
107:
108: STD_IN   ENDP
109:
110:
111: STD_OUT PROC
112:
113:          MOV      AH,WRITE               ;Funktionsnummer laden
114:          MOV      BX,HANDLE_OUT          ;Filehandle fuer Standardausgabe als
115:                                          ;Ausgabekanal
116:          MOV      CX,ACT_NUM             ;Anzahl der zu schreibenden Zeichen
117:          MOV      DX,OFFSET BUFFER            ;Puffer adressieren
118:          INT      MSDOS                  ;Funktion ausfuehren lassen
119: TEST1:   JNC      TEST2                  ;falls kein Fehler --> zu TEST2
120:          MOV      ERR_LEVEL,02H          ;ansonsten: ERR_LEVEL setzen
121:          MOV      CX,LEN_TXT2                 ;    Laenge Fehlertext nach CX
122:          MOV      DX,OFFSET ERR_TXT2          ;    Adresse Fehlertext nach DX
123:          CALL     STD_ERR                     ;    Fehler ausgeben
124: TEST2:
125:          CMP      AX,ACT_NUM             ;tatsaechlich geschr. Zeichenzahl pruefen
126:          JE       RET_OUT                ;wenn wie gefordert, ohne Fehler zurueck
127:          MOV      ERR_LEVEL,03H          ;ansonsten: Fehlercode setzen
128:          MOV      CX,LEN_TXT3                 ;    Laenge Fehlertext nach CX
129:          MOV      DX,OFFSET ERR_TXT3          ;    Adresse Fehlertext nach DX
130:          CALL     STD_ERR                     ;    Fehler ausgeben
131: RET_OUT:
132:          RET                             ;zurueck zum Hauptprogramm
133:
134: STD_OUT ENDP
135:
136:
137: STD_ERR PROC
138:
139:          MOV      AH,WRITE               ;Funktionsnummer laden
140:          MOV      BX,HANDLE_ERR          ;Filehandle fuer Standardfehlerausg. als
141:                                          ;Ausgabekanal
142:          INT      MSDOS                  ;Funktion ausfuehren lassen
143:          RET                             ;zurueck zur aufrufenden Prozedur
144:
145: STD_ERR ENDP
146:
147: CODE     ENDS
148:
149: END      BEGIN
```

Bild 3 UPCAE – Beispiel eines Filters in 8086-Assembler

(Fortsetzung von S. 265)

Moderne Betriebssysteme, wie auch MS-DOS, benutzen jedoch nicht in jedem Fall das Dateiendekennzeichen, sondern erkennen das Dateiende im anderen Fall mit Hilfe der vom System verwalteten Dateigröße. Endet eine Datei nicht mit ^Z, wird das Dateiende nicht erkannt, der Filter beendet seine Arbeit nicht und liest nach dem physischen Dateiende von der Tastatur. Diese Methode (Enderkennung über Dateigröße) ist deshalb unbrauchbar.

Mechanismus auf Assemblerniveau

Die im Abschnitt Grundlagen erwähnte Gleichartigkeit des Zugriffs der XENIX-ähnlichen Systemfunktionen auf Dateien und Geräte äußert sich für den Programmierer darin, daß er sowohl zum Lesen einer Datei/einem Gerät, wie auch zum Schreiben auf eine Datei/ein Gerät, jeweils die gleiche Systemfunktion benutzt.

Wie erfolgt nun die Identifikation des gewünschten Kanals?

Im Gegensatz zur Dateiarbeit mit den CP/M-ähnlichen Funktionen, welche, wie von CP/M bekannt, mit File-Control-Blöcken (FCBs) arbeiten, identifizieren die erwähnten Systemfunktionen den gewünschten Kanal mit Hilfe einer ihm zugeordneten Nummer. Diese Nummer ist vom Typ WORD (zwei Byte) und wird als **Filehandle** bezeichnet.

Wird mit der entsprechenden Systemfunktion eine Datei eröffnet bzw. wird bei der öffnenden Funktion auf einen gültigen Gerätenamen verwiesen, so wird als Ergebnis ein Filehandle zurückgegeben, mit dessen Hilfe die Datei/das Gerät bei Zugriffsfunktionen identifiziert werden kann.

Ein weiterer großer Vorteil besteht bei dieser Vorgehensweise für den Programmierer darin, daß er keine Einträge in die FCBs mehr pflegen. Die notwendigen Daten werden vom Betriebssystem selbst in internen Datenstrukturen verwaltet.

Für die Standard-E/A-Kanäle stehen vordefinierte Filehandle zur Verfügung.

Diese sind wie folgt vergeben:

- 00 stdin (Standardeingabe)
- 01 stdout (Standardausgabe)
- 02 stderr (Standardfehlerausgabe)
- 03 stdaux (standard-auxiliary I/O (AUX/COMI)
- 04 stdlst (Standarddruckerausgabe) (PRN/LPTI).

Das erste Filehandle, welches für einen weiteren vom Programmierer angeforderten Zugriffskanal vergeben wird, ist wegen dieser vordefinierten Zuordnung **05**.

Die vordefinierten Filehandle gestatten den sofortigen Zugriff auf die Kanäle, sie werden vom Betriebssystem geöffnet.

Die zu benutzenden Systemaufrufe sind Funktionen des Interrupts 2lH (MSDOS).

Zum Lesen wird die Funktion 3FH (READ) verwendet. Diese Funktion fordert im Register BX ein Filehandle zur Identifikation der Datei/des Gerätes von der/dem gelesen werden soll

(HANDLE_IN=00H=Standardeingabe),

in CX die Anzahl der Zeichen, die gelesen werden sollen (REQ_NUM) und in DX den Offset des Speicherbereiches bezüglich DS, in dem die gelesenen Zeichen abgelegt werden sollen (BUFFER). Außerdem ist Register AH mit dem Wert 3FH zu laden, um den Konventionen für die Systemaufrufe des Interrupts 2lH zu entsprechen.

Nach Ausführung der Funktion enthält das Register AX die Anzahl der tatsächlich gelesenen Zeichen. Ist die Anzahl der gelesenen Zeichen geringer als die geforderte Anzahl, so ist dies beim Lesen von einer Datei als Erreichen des Dateiendes während des Lesevorganges zu werten (siehe dazu Zeilen 59–64 von Bild 3). Traten während der Ausführung der Funktion Fehler auf, wird dieser Zustand durch das gesetzte Carry-Flag signalisiert (siehe Zeile 100 und ERR_TXTI).

Zur genaueren Analyse der Fehlerursache wird auf /2/ verwiesen.

Zur Ausgabe wird die Funktion 40H (WRITE) benutzt. Adäquat zur Funktion 3FH (READ) fordert sie in Register BX ein Filehandle (HANDLE_OUT=0lH=Standardausgabe, HANDLE_ERR=02H=Standardfehlerausgabe),

in Register CX die Anzahl der zu schreibenden Zeichen (ACT_NUM) und in DX den Offset des Speicherbereichs bezüglich DS, der die zu schreibenden Zeichen enthält (BUFFER). Register AH ist mit dem Wert 40H (WRITE) zu laden.

Auch diese Funktion gibt nach Rückkehr in AX die Anzahl der tatsächlich, in diesem Fall, geschriebenen Zeichen an und setzt bei Fehlern während der Ausführung das Carry-Flag (ERR_TXT2).

Zur genaueren Bestimmung des Fehlers, den das gesetzte Carry-Flag signalisiert, wird wiederum auf /2/ verwiesen.

Eine Abweichung der Anzahl der tatsächlich geschriebenen Zeichen von der geforderten Anzahl deutet auf einen allgemeinen Fehler beim Schreiben auf die Datei/das Gerät hin.

Dabei ist Folgendes zu beachten:

Erhält die Funktion 3FH ihre Daten aus einer Datei, so liest sie sämtliche Zeichen einschließlich der Dateiendekennzeichen, sofern vorhanden, ein und gibt auch die entsprechende Zeichenanzahl in AX an das aufrufende Programm. Erfolgt die Ausgabe wieder auf eine Datei, werden alle Zeichen, einschließlich der eingelesenen Dateiendekennzeichen, auch tatsächlich geschrieben. Ist die Standardausgabe jedoch einem Gerät zugeordnet (CON: oder PRN:, andere Geräte stehen dem Autor nicht zur Verfügung), endet die Ausgabe mit dem letzten Zeichen vor dem Dateiendekennzeichen (ERR_TXT3)!

Anmerkung: Die in Klammern angegebenen Begriffe beziehen sich auf die im Assemblerquelltext verwendeten Bezeichnungen.

Der in der Assemblersprache des 8086 verfaßte Filter UPCASE (siehe Bild 3) hat die Aufgabe, Klein- in Großbuchstaben zu konvertieren. Zu diesem Zweck liest er Zeichen von der Standardeingabe, testet, ob es sich um den Code eines Kleinbuchstaben bezüglich der ASCII-Codierung handelt, setzt den Code gegebenenfalls um und übergibt die Zeichen an die Standardausgabe. Treten beim Programmablauf Fehler auf, werden die entsprechenden Fehlermeldungen (ERR_TXTx) über die Standardfehlerausgabe ausgegeben.

Zur einfacheren Orientierung wurden die Prozeduren ihren benutzten Kanälen entsprechend bezeichnet. Das heißt, die Prozedur STD_IN übernimmt das Einlesen von der Standardeingabe, STD_OUT gibt über die Standardausgabe aus, und STD_ERR übergibt die Fehlermeldungen an die Standardfehlerausgabe.

Die Ein- und Ausgaben erfolgen gepuffert. Die Puffergröße sollte möglichst groß gewählt werden, um die Anzahl der Plattenzugriffe bei der Umleitung der Ein-/Ausgabe auf eine Datei zu minimieren.

Literatur

/1/ Claßen, L.; Oefler, U.: Unix und C. VEB Verlag Technik, Berlin 1987

/2/ Smode, D.: Das große MS-DOS-Profi-Arbeitsbuch. Franzis' Verlag, München 1987

/3/ Handbuch TURBO-PASCAL Version 3.xx. BORLAND Inc. 1983, 1984, 1985, Heimsoeth Software, München 1985

Moderne Mikrorechnersysteme

(Teil 3)

Prof. Dr. Peter Neubert
Ralph Willem, Karsten Künne
Technische Universität Dresden,
Sektion Informatik

5. System 80386

Der Prozessor 80386 stellt eine Weiterentwicklung des 80286 dar. Es ist der erste Prozessor der Intel-Reihe mit vollständiger 32-Bit-Architektur. Von der Software her ist der 80386 weitgehend aufwärtskompatibel zum 80286, so daß existierende Programme auch auf dem 80386 weiterverwendet werden können.
Der 80386 wurde von Anfang an in CMOS-Technologie gefertigt (CHMOS III), wodurch sich die Verlustleistung gegenüber dem 80286 von drei Watt auf zwei Watt verringerte, trotz wesentlich gestiegener Komplexität (275 000 Transistoren). Auch konnte dadurch die Taktfrequenz auf 16 bzw. 20 MHz gesteigert werden. Als Gehäuse für den 80386 dient ein 132-Pin-PGA.
Der maximale physische Adreßbereich des 80386 beträgt 4 GByte, virtuell sind 64 TByte verfügbar. Ein E/A-Bereich von 64 KByte existiert ebenfalls noch.
Obwohl der 80386 erst seit 1986 verfügbar ist, hat er schon eine gewisse Bedeutung erlangt, die z. B. darin zum Ausdruck kommt, daß er in den Spitzenmodellen des neuen IBM-PS/2-Systems eingesetzt wird.

5.1. Bestandteile einer funktionsfähigen ZVE

Um eine funktionsfähige ZVE mit dem 80386 aufzubauen, gibt es verschiedene Möglichkeiten, die sich durch den Aufwand unterscheiden. So ist z. B. die Wahl zwischen einem 16 Bit breiten oder einem 32 Bit breiten Datenbus möglich. Die CPU verfügt dazu über einen Steuereingang BS16, mit dem die Datenbusbreite dynamisch von Buszyklus zu Buszyklus geändert werden kann. Dadurch ist es möglich, auch 16- und 32-Bit breite Speicher- und E/A-Einheiten gemischt zu verwenden. In diesem Fall muß allerdings eine zentrale Decodierung der Adressen vorgenommen werden, um den Steuereingang BS16 am Beginn von 16-Bit-Buszyklen zu aktivieren. Der 80386 wickelt dann den gesamten Transfer auf den niederwertigen 16 Bit des Datenbusses ab und zerlegt 32-Bit-Transfers in zwei 16-Bit-Übertragungen. Zur Anzeige, welche Bytes des Datenbusses für die Übertragung genutzt werden, gibt der 80386 außerdem noch vier Bytefreigabesignale BE0 bis BE3 aus, die zur selektiven Steuerung der Datenbustreiber genutzt werden können.
Ein weiterer Steuereingang des 80386 (NA) dient dazu, das Adreßpipelining, also die vorzeitige Adreßausgabe, an- und abzuschalten. Diese Umschaltung kann ebenfalls dynamisch von Buszyklus zu Buszyklus erfolgen. In Bild 30 sind vorzeitige und nicht vorzeitige Adreßausgabe im Taktdiagramm dargestellt.
Eine Kombination von 16-Bit-Bus und vorzeitiger Adreßausgabe ist allerdings nicht möglich. Bei Wahl der vorzeitigen Adreßausgabe können z. B. Speichersysteme mit verschachtelten Speicherbanken verwendet werden, auf die der Prozessor möglichst abwechselnd zugreift, wodurch längere Zugriffszeiten für die Speicher möglich sind. Während die Daten dann von einer Bank übertragen werden, kann die zweite schon adressiert werden (siehe Bild 31).
Ein weiterer Umstand, der den Entwurf einer ZVE beeinflußt, ist der Aufbau des Buscontrollers. Für den 80386 wird dazu kein fertiger Schaltkreis angeboten, so daß der Anwender dort variieren kann. Es ist also möglich, mit wenig Aufwand einen simplen lokalen Bus zu implementieren oder aber mit Hilfe entsprechender VLSI-Schaltkreise (z. B. 82389) und beträchtlichem Aufwand ein Multibus II-Interface zu gestalten. Als einziges existiert für den 80386 der Taktgenerator **82384**, der auch die Synchronisation des Adreßstrobe-Signals ADS und des Reset-Signals vornimmt.
Im Bild 32 ist das Blockschaltbild einer einfachen ZVE dargestellt, die an einem lokalen Bus mit 16 und 32 Bit breiten Einheiten zusammenarbeitet.
Der lokale Buscontroller hat die Aufgabe, die Statusleitungen der CPU zu decodieren und entsprechende Kommandos abzuleiten. Die Statuscodierung zeigt Tafel 6.

Tafel 6 *Statuskodierung des 80386 /9/*

M/IO#	D/C#	W/R#	Typ des Buszyklus
0	0	0	Interruptbestätigungszyklus
0	0	1	Leerzyklus
0	1	0	E/A-Lesezyklus
0	1	1	E/A-Schreibzyklus
1	0	0	Befehlsholezyklus
1	0	1	Halt- o. Abschaltungsanzeigezyklus
1	1	0	Speicherlesezyklus
1	1	1	Speicherschreibzyklus

Weiterhin synchronisiert der lokale Buscontroller das Ready-Signal, welches von Speicher- bzw. E/A-Einheiten geliefert wird. Die Adreßdecodierungslogik aktiviert den Eingang BS16, wenn die CPU auf 16-Bit-Einheiten zugreift. Das Adreßpipelining wird nicht genutzt, d. h., der Eingang NA wird nicht aktiviert. Dadurch können Adreßlatches entfallen. Bei einem größeren System sind allerdings noch Treiber für Daten- und Adreßleitungen notwendig. Die Steuerung der Datentreiber übernimmt dann ebenfalls der lokale Buscontroller.
Um die Leistungsfähigkeit der ZVE weiter zu erhöhen, kann diese noch durch einen Cachespeicher ergänzt werden, in dem bereits benutzte Daten und Befehle abgelegt werden. Der Zugriff auf diesen Cache erfolgt ohne Wartetakte. Ein einfacher Cachespeicher kann z. B. durch schnelle RAMs und Komperatoren realisiert werden. Bild 33 zeigt die Variante einer ZVE mit Cachespeicher.
Der Cachecontroller hat im wesentlichen die Aufgabe, bei Lesezugriffen die höherwertigen Adressen mit den abgespeicherten Tags zu vergleichen, um Treffer festzustellen. Bei einem Cachetreffer liefert der Daten-RAM die Daten, ansonsten wird der Hauptspeicher adressiert und die Daten werden parallel in den Cache eingeschrieben. Schreibzugriffe erfolgen gleichzeitig in Cache und Hauptspeicher.

5.2. Interruptverhalten

Das Interruptsystem des 80386 ist identisch mit dem des 80286 und 8086. Es existieren wiederum die beiden Eingänge INTR und NMI. Auch die Verwendung des Interruptcontrollers 8259A ist auf die gleiche Weise wie beim 8086 möglich.
Softwareinterrupts (INT-Befehle) gibt es ebenfalls wie beim 80286 und 8086, nur ist beim 80386 noch ein weiterer Interrupt für eine Befehlsausnahme reserviert. Interrupt 14 erfolgt, wenn ein Fehler beim Umsetzen der Linearadresse in die physische Adresse in der Seiteneinheit auftritt. Diese Befehlsausnahme ist wiederstartbar.

5.3. Die CPU 80386

Beim 80386 wurde die gesamte Architektur auf 32 Bit Verarbeitungsbreite erweitert und gleichzeitig stark verbessert. Außerdem wurde eine Demand-Paging-Speicherverwaltungseinheit (MMU) implementiert. Andere Erweiterungen und Verbesserungen betreffen den Registersatz und den Befehlssatz.

5.3.1. Architektur

Ein Blockschaltbild der internen Architektur des 80386 zeigt Bild 34.
Intern besteht der Prozessor aus drei großen Einheiten, der zentralen Verarbeitungseinheit, der Speicherverwaltungseinheit und der Buseinheit.
Die zentrale Verarbeitungseinheit ist für die Abarbeitung der Befehle verantwortlich. Sie unterteilt sich in zwei Einheiten, die Ausführungseinheit und die Befehlseinheit. Die Ausführungseinheit arbeitet die Befehle ab. Sie verfügt dazu über den allgemeinen Registersatz, eine ALU und einen Barrel-Shifter, der besonders Multiplikationen und Verschiebungen beschleunigt. Eine Multiplikation wird z. B. in weniger als einer Mikrosekunde ausgeführt. Weiterhin gehört zur Ausführungseinheit der Steuer-ROM mit dem Mikroprogramm. Die Befehlseinheit holt die Befehle aus der Codewarteschlange, decodiert sie und speichert sie in der Befehlswarteschlange ab, ähnlich der Befehlseinheit beim 80286.
Eine weitere Einheit im 80386 ist die Speicherverwaltungseinheit. Sie besteht wiederum aus Segment- und Seiteneinheit. Die Segmenteinheit übernimmt dabei die Verwaltung der Segmente und die Berechnung der Linearadresse aus der logischen Adresse. Die Seiteneinheit stellt eine Neuerung des 80386 gegenüber seinen Vorgängern dar. Sie hat die Aufgabe, aus der Linearadresse die physische Adresse zu berechnen. Dazu benutzt sie einen Zwei-Tabellen-Seiten-Mechanismus.
Die Buseinheit des 80386 gewährleistet ein vollständiges 32-Bit-Systeminterface. Bestandteil der Buseinheit ist die Codeholeeinheit, die bei unbelegtem Bus die Codewarteschlange füllt.
Alle Einheiten im 80386 sind durch mehrere interne 32-Bit-Busse verbunden und bilden eine sechsstufige Pipeline zur Befehlsabarbeitung.

5.3.2. Registersatz

Bild 35 gibt einen Überblick über den Registersatz des 80386 mit Ausnahme der Systemadreßregister.
Der Registersatz des 80386 enthält folgende Kategorien:
– allgemeine Register

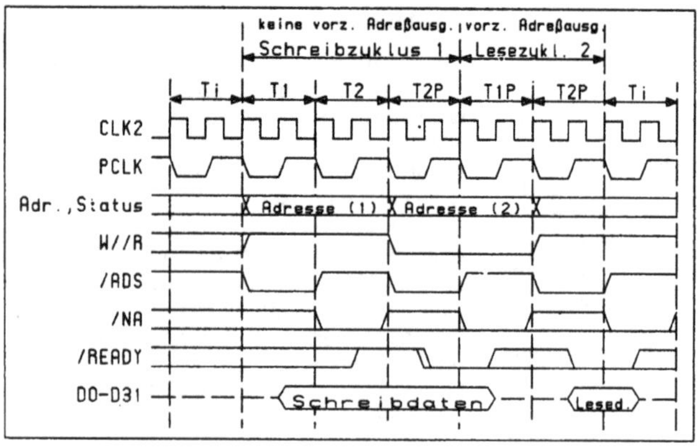

Bild 30 Taktdiagramm des 80386 /19/

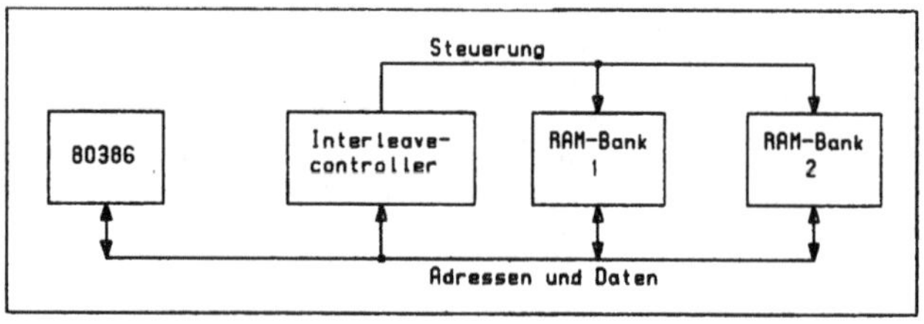

Bild 31 Speicherbankverschachtelung beim 80386 /19/

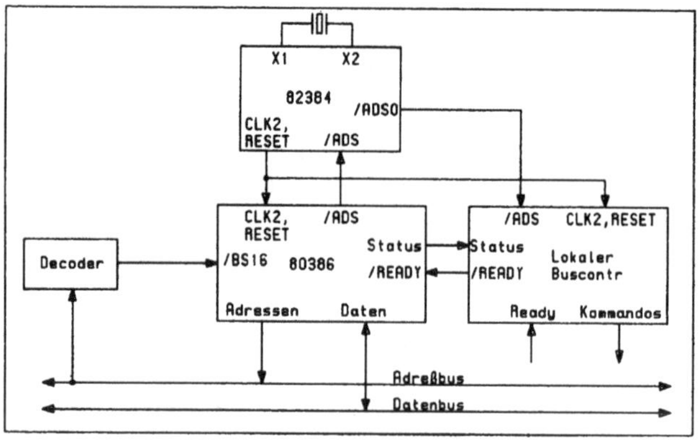

Bild 32 Einfache Variante einer ZVE mit dem 80386

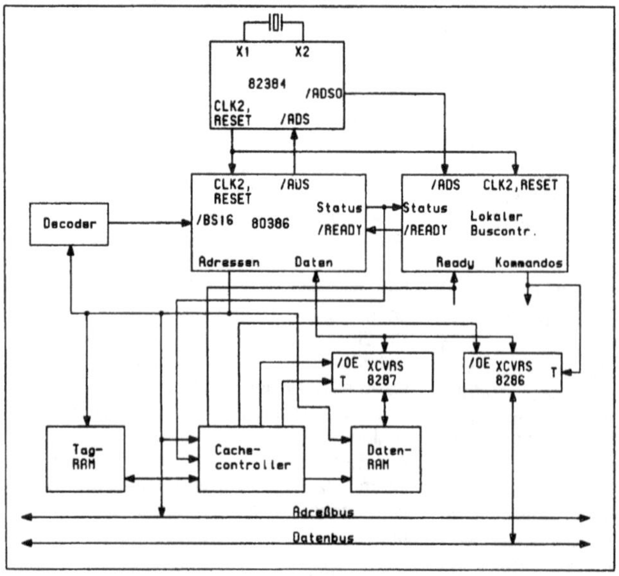

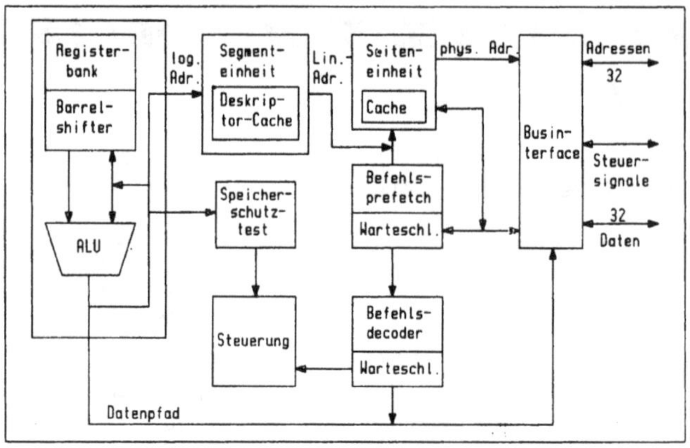

Bild 34 Blockschaltbild des 80386 /19/

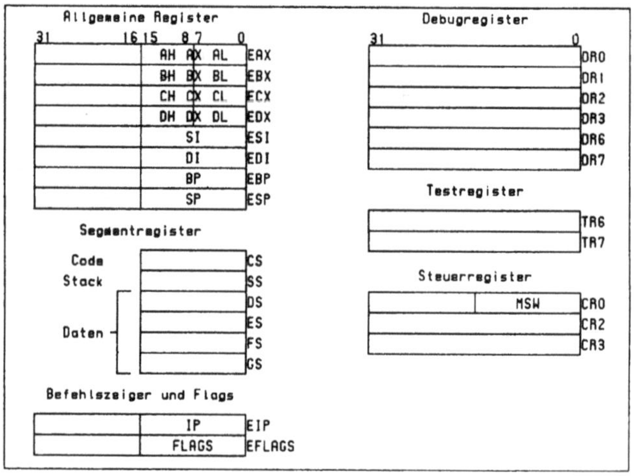

Bild 35 Registersatz des 80386 /19/

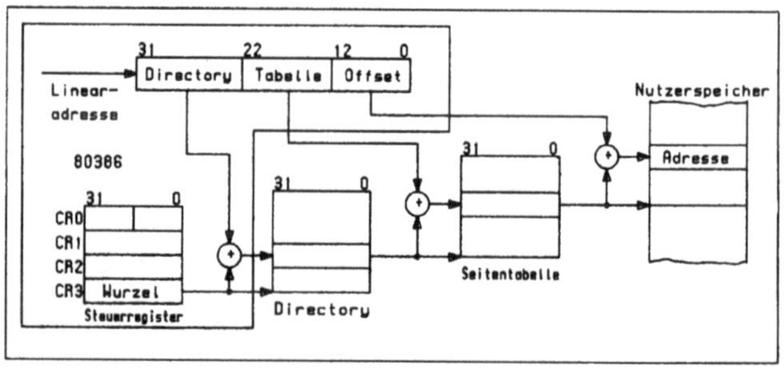

Bild 36 Seitenadressierung beim 80386 /19/

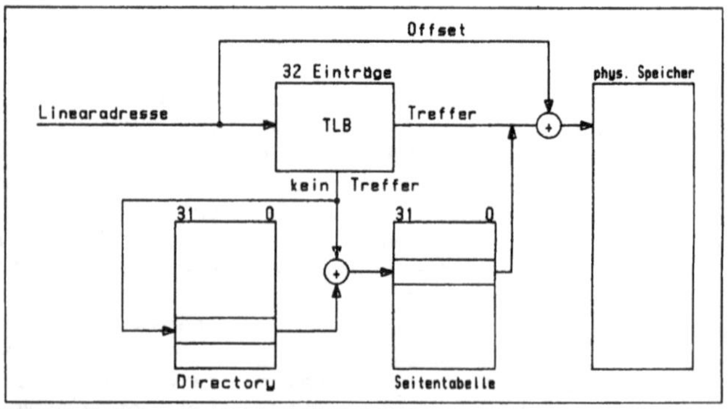

Bild 37 Funktion des TLB beim 80386 /19/

◀ *Bild 33 ZVE mit dem 80386 und einem Cachespeicher*

– Segmentregister
– Befehlszeiger und Flags
– Steuerregister
– Debugregister
– Testregister
– Systemadreßregister.

Die allgemeinen Register wurden alle auf 32 Bit Breite erweitert, können aber auch 16 Bit breit genutzt werden bzw. zum Teil als zwei 8-Bit-Register wie beim 8086. Beim 80386 ist es möglich, bei der Basisadressierung alle allgemeinen Register als Basisregister zu nutzen. Des weiteren können, bis auf ESP, auch alle Register als Indexregister für die indizierte Adressierung verwendet werden.

Die Zahl der Segmentregister wurde beim 80386 um zwei Datensegmentregister erweitert. Die Verwendung der Segmentregister unterscheidet sich nicht vom 80286.

Der Befehlszeiger wurde auf 32 Bit erweitert, ebenso das Flagregister, und es wurden zwei neue Flags gegenüber dem 80286 eingeführt:

– **VM**: Virtueller 8086-Mode; schaltet den 80386 innerhalb des Protected-Mode in den virtuellen 8086-Mode

– **RF**: Resume-Flag; wird in Verbindung mit den Haltepunktregistern benutzt, um eine Wiederaufnahme der Befehlsabarbeitung auf der Haltepunktadresse zu ermöglichen.

Die Steuerregister sind drei 32-Bit-Register, die der Prozessorsteuerung dienen. CRO entspricht dabei dem auf 32 Bit erweiterten MSW des 80286. CR2 enthält bei Fehlern in der Seiteneinheit die Lineadresse, die den Fehler verursachte. CR3 enthält die physische Basisadresse der Seitendirectory.

Auf die Verwendung der Debug- und Textregister wird in einem gesonderten Abschnitt eingegangen.

Die Funktion der Systemadreßregister unterscheidet sich nicht vom 80286.

5.3.3. Adressierung

Auch beim 80386 muß man bei der Adressierung zwei Betriebsarten unterscheiden. Im Real-Adreß-Mode arbeitet der Prozessor als schneller 8086 mit voller Objektcodekompatibilität. Allerdings ist auch die Verwendung von 32-Bit-Operanden möglich.

Die Hauptbetriebsart des 80386 ist wie beim 80286 der Protected-Mode. Im Folgenden sollen nur die Unterschiede zwischen dem 80286 und dem 80386 im Protected-Mode betrachtet werden. Als maximaler physischer Adreßbereich stehen im Protected-Mode vier GByte zur Verfügung, virtuell 64 TByte. Es wird mit segmentiertem Speicher gearbeitet, wobei die Segmentlänge zwischen einem Byte und vier GByte liegen kann. Eine weitere Adreßumsetzung und Speicherverwaltung kann durch die Seiteneinheit vorgenommen werden. Diese ist aber auch abschaltbar.

• **Adressierungsarten**

Beim 80386 stehen dem Programmierer neben den logischen Adressierungsarten des 8086 noch drei zusätzliche zur Verfügung. Diese Adressierungsarten entstehen, wenn der Inhalt des Indexregisters mit einem Skalierungsfaktor (2,4 oder 8) multipliziert wird. Es sind im einzelnen folgende:

– *skalierte Indexadressierung*: der Indexregisterinhalt wird mit einem Skalierungsfaktor multipliziert und eine Verschiebung dazuaddiert

– *Basis-skalierte Indexadressierung:* der Indexregisterinhalt wird mit einem Skalierungsfaktor multipliziert und zum Inhalt eines Basisregisters addiert

– *Basis-skalierte Indexadressierung mit Verschiebung*: zusätzlich zur vorigen Adressierungsart wird noch eine Verschiebung addiert.

Weiterhin kann beim 80386 mit 16- oder 32-Bit-Offset gearbeitet werden. Bei Verwendung des 16-Bit-Offset ist der Prozessor in der logischen Adressierung voll kompatibel zum 8086.

• **Umwandlung der logischen in die physische Adresse**

Die logische Adresse, die der Programmierer benutzt, wird im Protected-Mode des 80386 durch zwei Einheiten, die Segment- und die Seiteneinheit, umgewandelt. Die Seiteneinheit ist auch abschaltbar. Die Segmenteinheit arbeitet ähnlich wie die des 80286 im Protected-Mode. Der reservierte Teil der Segmentdeskriptoren wird allerdings mit benutzt, und die maximale Segmentlänge kann vier GByte betragen. Es ist auch möglich, Segmente und Deskriptoren des 80286 zu benutzen, so daß vorhandene Software weiterverwendet werden kann. Der Prozessor kann 80286- und 80386-Segmente unterscheiden und richtig abarbeiten.

Die Privilegniveaus, das Schutzkonzept und die Taskumschaltung sind identisch zum 80286. Ein Taskzustandssegment vom 80386 unterscheidet sich aber von einem des 80286. Beide Typen sind verwendbar.

Die Segmenteinheit des 80386 liefert eine 32-Bit-Linearadresse, die von der Seiteneinheit weiter umgesetzt werden kann. Die Umsetzung erfolgt dabei über zwei Tabellenniveaus (siehe Bild 36).

Alle Elemente der Seitenadressierung, also Tabellen und Seiten, sind immer vier KByte lang und besitzen eine durch 4096 teilbare Basisadresse, d. h. die niederwertigen 12 Bit der Basisadresse sind Null.

Die erste Umsetzungstabelle ist die Seitendirectory. Sie enthält maximal 1024 Einträge. Da jede Task eine eigene Seitendirectory benutzen kann, ist hier wiederum eine Taskisolation möglich. Die Bits A22 bis A31 der Linearadresse werden als Index in der Seitendirectory benutzt und wählen einen Eintrag aus. Dieser Eintrag enthält dann die Basisadresse einer Seitentabelle.

Die Seitentabelle ist die zweite Umsetzungstabelle. Sie kann wiederum bis zu 1024 Einträgen enthalten. Die Bits A12 bis A21 der Linearadresse werden als Index in der Seitentabelle benutzt und wählen wieder einen Eintrag aus, der dann die höherwertigen 20 Bit der physischen Adresse liefert. Die niederwertigen 12 Bit der physischen Adresse werden aus der Linearadresse übernommen.

Auch auf dem Niveau der Seitenadressierung existiert beim 80386 ein Zugriffsschutz, der allerdings nur zwei Privilegniveaus unterscheidet, User und Supervisor. Weiterhin können einzelne Seiten auch schreibgeschützt werden.

Um die Adreßumsetzung zu beschleunigen, besitzt die Seiteneinheit einen Cachespeicher, den Translation-Lookaside-Buffer (TLB). Der TLB enthält die Adreßzuordnung für die 32 meistbenutzten Seiten. Dadurch werden 128 KByte Speicheradreßbereich erfaßt, was für die lokale Umgebung eines Programms ausreicht. Bild 37 veranschaulicht die Funktion des TLB.

• **Virtueller 8086-Mode**

Innerhalb des Protected-Mode ist es beim 80386 möglich, 8086-Programme in eigenen Tasks unter vollem Speicherschutz abzuarbeiten. Der Prozessor verhält sich dabei wie ein 8086.

Der Adreßbereich der virtuellen 8086-Tasks von einem MByte kann durch die Seiteneinheit auf den physischen Adreßbereich des 80386 von vier GByte aufgeteilt werden. Jede virtuelle 8086-Task kann dabei maximal 256 Seiten belegen. Der 80386 ist somit in der Lage, mehrere 8086-Prozessoren gleichzeitig zu emulieren.

Eine virtuelle 8086-Task arbeitet immer auf dem niedrigsten Privilegniveau. Dadurch ist es möglich, z. B. E/A-Befehle, Interruptbefehle und Flagmanipulationen durch das 80386-Betriebssystem aufzufangen und zu emulieren. Somit kann auch die Umgebung der virtuellen 8086-Tasks vollständig an die Erfordernisse der Software angepaßt werden.

Das Eintreten in den virtuellen 8086-Mode und das Verlassen desselben erfolgen einfach durch eine Taskumschaltung.

Der virtuelle 8086-Mode gestattet die Integration von 8086-Software in ein Protected-Mode-80386-System mit allen seinen Vorzügen.

5.3.4. Befehlssatz

Gegenüber dem 80286 wurde der Befehlssatz des 80386 erweitert. Es wurden besonders Befehle zur Unterstützung von Multitaskingbetriebssystemen neu eingeführt.

Eine erste Gruppe neuer Befehle sind Bitmanipulationsbefehle. Mit diesen Befehlen lassen sich einzelne Bits testen, setzen, rücksetzen bzw. negieren. Beispiele sind BTS (Bit testen und setzen) oder BTC (Bit testen und negieren). Zwischen den beiden Teiloperationen z. B. des BTS-Befehls wird der Bus verriegelt (LOCK-Signal), so daß kein anderer Busmaster zwischendurch Zugriff auf das Bit erhalten kann.

Die zweite neue Befehlsgruppe sind bedingte Bytesetzbefehle. Damit lassen sich in Abhängigkeit von Bedingungen bestimmte Bytes setzen. Zu diesen Befehlen gehören z. B. SETLE (Setze Byte bei kleiner oder gleich) oder SETNE (Setze Byte bei ungleich).

Als letzte neue Befehlsgruppe seien noch die Befehle erwähnt, die dazu dienen, die neuen Debug-, Steuer- und Testregister zu laden bzw. abzuspeichern.

Neben der Einführung neuer Befehle wurde auch der vom 80286 übernommene Befehlssatz erweitert. Diese Erweiterung erfolgte hauptsächlich durch die Möglichkeit, 32-Bit-Operanden und 32-Bit-Adressierungsarten zu verwenden. Als allgemeine Regel gilt, daß bei 80386-Code die Operanden 8 oder 32 Bit lang sind und ein 32-Bit-Offset verwendet wird, bei 80286-Code dagegen sind die Operanden 8 oder 16 Bit lang und der Offset 16 Bit. Diese allgemeine Regel kann aber durch Befehlspräfixe für Operanden- und Adreßlänge übergangen werden. Die Präfixe haben dann in 80386- und 80286-Segmenten jeweils entgegengesetzte Bedeutung. Auf Assemblerniveau ist die genannte Regel analog. Der Programmierer kann also alle Operanden- und Adreßlängen mischen. Notwendige Präfixe werden durch den Assembler automatisch generiert.

5.4. Debug- und Testunterstützung

Gegenüber seinen Vorgängern wurden beim 80386 die Möglichkeiten für verschiedene Tests und die Unterstützung beim Softwareentwurf wesentlich erweitert.

Als erste neue Testmöglichkeit ist da der Selbsttest zu nennen. Der Selbsttest prüft die Funktion des größten Teils der festverdrahteten Logik und den gesamten Mikrocode-ROM. Das ist etwa die Hälfte des Prozessors. Als Testverfahren dient dabei die Signaturanalyse. An die Logik werden bestimmte Eingangsfolgen gelegt. Aus den Ausgangsfolgen wird dann in einem Register eine Signatur berechnet und diese mit einer abgespeicherten verglichen. Der Selbsttest wird durch das Potential einer Leitung an der Rückflanke des *Reset*-Impulses ausgelöst und benötigt etwa 30 ms /18/. Nach Beendigung des Selbsttests führt der Prozessor *Reset* durch und beginnt die Abarbeitung des Programms. Wenn die Inhalte der Register EAX und EDX Null sind, war der Selbsttest erfolgreich.

Eine weitere Testmöglichkeit beim 80386 ist der Test des TLB. Die Seiteneinheit muß bei diesem Test abgeschaltet werden. Mit Hilfe der beiden Testregister TR6 und TR7 ist es dann möglich, ein Testmuster in den TLB zu schreiben und Zugriffe zu simulieren.

Als neue Debug-Unterstützung gibt es beim 80386 die Möglichkeit, hardwaremäßig Haltepunkte zu setzen. Das erfolgt mit Hilfe der sechs Debugregister. Es können maximal vier Haltepunkte gesetzt werden. Diese Haltepunkte können nicht nur Befehlshaltepunkte sein, sonden es ist auch möglich, Haltepunkte bei Datenzugriffen zu setzen. Das kann z. B. genutzt werden, um zu prüfen, an welcher Stelle in einem Programm eine bestimmte Variable geändert wird. Weiterhin können die Haltepunkte global oder lokal für eine Task gesetzt werden.

Die vom 8086 bekannte Einzelschrittmöglichkeit für Software mit Hilfe des Trap-Flag exisitiert beim 80386 weiterhin.

Alle diese Debug-Hilfen auf Hardwareniveau vereinfachen die Entwicklung von Debuggern und ähnlichen Softwarewerkzeugen sicher wesentlich.

Schluß

Literatur

/18/ El-Ayat, K. A.; Agarwal, R. K.: The Intel 80386-Architecture and Implementation. IEEE Micro Vol. 5/Dezember 1985

/19/ 80386 High Performance Microprocessor with Integrated Memory Management. Intel Corporation 1985

/20/ 82384 Clock Generator and Reset Interface for 80386 Processors. Intel Corporation 1985

/21/ Duzy, P.; Schallenberger, B.; Wallstab, S.: Moderne Mikroprozessoren. Elektronik 23 (1986) 14

Wegbereiter der Informatik

SIR ISAAK NEWTON

∗ 1643 Woolsthorpe,
+ 1727 Kensington bei London.

Newton studierte von 1661 bis 1665 am Trinity-College in Cambridge. Diese Bildungseinrichtung war damals noch im wesentlichen eine mittelalterlich organisierte Universität, d. h. die alten Sprachen und theologische Fächer spielten zunächst die Hauptrolle. Newton hat aber – nach eigenen Angaben – in den ersten Studienjahren auch die Werke Euklids studiert und das kopernikanische Weltsystem kennengelernt. Sein Lehrer in Mathematik und Naturwissenschaften war der Mathematiker und Theologe I. Barrow als Inhaber des einzigen, erst 1663 eingerichteten naturwissenschaftlichen Lehrstuhls von Cambridge. Nach Erwerb verschiedener akademischer Grade wurde Newton als Nachfolger seines Lehrers Professor für Mathematik. Dieses Lehramt bekleidete er bis 1701; in dieser Periode liegen seine schaffensreichsten Jahre. Da er durch eine Feuersbrunst (1693) sein Laboratorium und einen Teil seiner Manuskripte verlor, zog er sich danach von der Wissenschaft fast vollständig zurück und befaßte sich als Aufseher der Münze (1695) mit dem Aufbau des englischen Münzwesens; 1699 wurde Newton Direktor der Londoner Münze. Im Jahre 1703 siedelte er nach London über und wurde Präsident der Royal Society, der er seit 1671 bereits als Mitglied angehörte.

Newtons Lebenswerk umfaßt neben theologischen und alchemistischen Schriften vor allem Arbeiten auf den Gebieten der Mathematik, der experimentellen Optik und der theoretischen Mechanik.

In der Mathematik hat er eine Reihe praktikabler numerischer Verfahren entwickelt, die heute in der Regel zur Grundausstattung einer Computer-Software gehören. Genannt werden soll da zum einen das Newtonsche Iterationsverfahren zur Auflösung von Gleichungen mit einer Unbekannten:

$$Z_{i+1} = Z_i - F(z_i) \cdot F'(z_i)^{-1};$$

es handelt sich um ein überlinear konvergentes Verfahren, das auch gern zur Nullstellenberechnung für Polynome höheren Grades herangezogen wird.

Auch die bekannte Drei-Achtel-Regel stammt von ihm, eine Näherungsformel zur Berechnung des bestimmten Integrals einer Funktion:

$$\int_0^{3h} y(x)dx = (y_0 + 3y_1 + 3y_2 + 3y_3) \cdot 3h/8.$$

Sie hat die gleiche Genauigkeitsordnung wie die Keplersche Faßregel, Newton soll sie Pulcherrima – die Schönste – genannt haben. Des weiteren verdanken wir ihm einen Iterationsalgorithmus zur Berechnung von Quadratwurzeln sowie eine Formel zur Interpolation von Funktionen.

Sich auf Arbeiten von B. Cavallieri, P. Fermat und I. Barrow stützend, entwickelte er bis 1671 – unabhängig von Leibniz – als mathematischen Hilfsapparat für seine physikalischen Untersuchungen die Grundideen der Infinitesimalrechnung, die er Fluxionsrechnung nannte (Methode of Fluxions, 1736 gedruckt). Seine darin benutzte Symbolik hat sich jedoch nicht durchgesetzt, in den Naturwissenschaften hat sich der von Leibniz vorgeschlagene Kalkül als zweckmäßiger erwiesen und wird heute allgemein verwendet.

In der Optik entdeckte Newton die Spektralzerlegung des weißen Lichts (1672) und die nach ihm benannten Interferenzerscheinungen (Newtonsche Ringe, 1675); auch konstruierte er das erste brauchbare Spiegelteleskop, für welches er eigenhändig die Spiegel hergestellt hatte! Eine zusammenfassende Darstellung seiner optischen Untersuchungen veröffentlichte er aber erst 1704 nach dem Tode von R. Hooke, da er mit diesem in dauernde Prioritätsstreitigkeiten verwickelt war.

Sein für den Fortschritt der physikalischen und astronomischen Forschung wichtigstes Werk sind die „Philosophiae naturalis principia mathematica" (Mathematische Prinzipien der Naturlehre, 1687). Darin faßte er die Leistungen seiner Vorgänger Galilei, Kepler, Huygens, v. Guericke u. a. zusammen und stellte das Gravitationsgesetz auf, mit dem er eine mathematische Theorie zur Erklärung der Bewegung der Himmelskörper schuf und die drei Keplerschen Gesetze rechtfertigte. Mit der Formulierung der drei (Newtonschen) Axiome der Mechanik vollendete er schließlich den Aufbau der klassischen Mechnik.

Newton publizierte seine wissenschaftlichen Ergebnisse sehr ungern. Als er seine Fluxionsrechnung allgemein bekannt machte, war seine Art der Behandlung von Problemen der Analysis gegenüber dem Kalkül von Leibniz bereits veraltet. Um so befremdlicher berühren uns heute die Anschuldigungen, die Newton und besonders seine Anhänger gegenüber Leibniz erhoben, indem sie diesen bezüglich der Erfindung der Infinitesimalrechnung des Plagiats bezichtigten und damit einen unliebsamen und lang andauernden Prioritätsstreit auslösten. Leibniz' Versuch, dieserhalb mit Newton in direkten Briefwechsel zu treten, endete mit einer abweisenden Antwort (1693). Leibniz ging zwar aus diesem Streit schließlich in dem Sinne als Sieger hervor, als sich die gegen ihn gerichteten Anschuldigungen als völlig ungerechtfertigt erwiesen haben, Newton hatte sich mit seiner Verdächtigung geirrt, da er die ihm zugänglichen Unterlagen nicht hinreichend sorgfältig angesehen hat.

Newton erhielt nach seinem Tode ein Staatsbegräbnis und wurde in der Westminster-Abbey beigesetzt; sein Sarkophag wurde mit der von ihm gefundenen Formel für die Biominalreihe graviert.

Dr. Klaus Biener

PASCAL (Teil 5)

Dr. Klaus Kofer
Informatikzentrum des Hochschulwesens an der Technischen Universität Dresden

9.4. Programmbeispiel

Mengentypen können vorteilhaft dann angewendet werden, wenn im Programm bestimmte Entscheidungen davon abhängen, ob eine Variable irgendeinen aus einer Menge von möglichen Werten hat.
Falls in dem bereits gezeigten Programm zur Ermittlung der Häufigkeit einzelner Zeichen in einem Textfile nur die Anzahl der Vokale ermittelt werden soll, könnte die Lösung ohne Verwendung von Mengen so aussehen:

```
IF(C = 'A') OR (C = 'a') OR
  (C = 'E') OR (C = 'e') OR
  (C = 'I') OR (C = 'i') OR
  (C = 'O') OR (C = 'o') OR
  (C = 'U') OR (C = 'u') THEN...
```

Eleganter ist die Lösung mit Mengen:

```
TYPE   CharSet = SET OF CHAR;
VAR    Vokale: Char Set;
...
Vokale: =  ['A', 'E', 'I', 'O', 'U',
            'a', 'e', 'i', 'o', 'u'];
...
...
IF G IN Vokale THEN...
...
```

Die Konstruktion der Menge Vokale braucht natürlich nur einmal am Beginn der Programmabarbeitung durchgeführt werden.

9.5. Interne Darstellung

Die interne Darstellung einer Menge ist ein Bitmuster. Die Arbeit mit Mengen entspricht der Manipulation von Bitmustern. Durch Kenntnis der internen Abläufe bei der Arbeit mit Mengen können möglicherweise weitere sinnvolle Anwendungen des Mengentyps erschlossen werden.
Durch die Deklaration

VAR M:SET OF(W0, W1, W2, ..., Wn);

plant der Compiler für die Variable M eine Anzahl von Bits. Gewöhnlich ein Vielfaches von acht, mindestens aber n+1. Die Bits werden durchnumeriert 0, 1, 2, ..., n−1, n. Nun korrespondiert jedes Bit mit einem der Werte W0, W1, ..., Wn:

```
W0 - BIT 0
W1 - Bit 1
...
Wn - Bit n
```

Gehört das Element Wi der Menge an, so hat das korrespondierende Bit i den Wert 1, sonst 0.
Aufgrund dieser Darstellung können die Mengenoperationen unmittelbar durch logische Befehle des Maschinenbefehlssystems ausgeführt werden. Bit-Setze- und Bit-Test-Befehle bewerkstelligen die Konstruktion von Mengen und den Test, ob ein Element in einer Menge enthalten ist.
Die Nützlichkeit der Mengen hängt wesentlich davon ab, wie differenziert der Compiler die Zuordnung von Speicherplatz vornimmt. Relativ unbrauchbar ist sicher eine Realisierung für Mengen, die unabhängig davon, wieviele Elemente der Wertebereich des Basistyps tatsächlich umfaßt, stets die maximale Anzahl von 64, 128 oder 256 Bits (entsprechend 8, 16 oder 32 Byte) zuordnet.
Bei TURBO-PASCAL werden nur so viele Bits geplant, wie der Basistyp Elemente hat. Dabei wird auf das volle Byte aufgerundet.

10. Datentyp Pointer

10.1. Einführung

Die Variablendeklaration veranlaßt den Compiler, Speicherplatz entsprechend dem Bedarf des jeweiligen Datentyps zu planen.
Es gibt jedoch Programme, bei denen sich erst während ihrer Arbeit – etwa in Abhängigkeit von den Eingabedaten – Menge und Typ des erforderlichen Speichers für Daten herausstellt. Hierfür ist ein Mechanismus wünschenswert, der dem Programm die „eigenverantwortliche" Abforderung vom Datenspeicher gestattet. Pointertypen ermöglichen das.

10.2. Syntax

Der Pointertyp ist eine Alternative im Syntaxdiagramm „typ" in Bild 3.1. Seine Deklaration zeigt Bild 10.1. Der Bezeichnung muß der Name eines Datentyps sein. Das Zeichen "^" ist zu lesen wie „Zeiger auf". Pointer verweisen also auf Datenobjekte eines bestimmten, bei der Deklaration festgelegten Typs. Der Wert einer Pointervariablen ist stets eine Hauptspeicheradresse. Der Datentyp, auf den sie verweist, hängt von ihrer Deklaration ab. Nachfolgend werden ein Pointer auf INTEGER, ein Pointer auf ein Array mit vier Komponenten vom Typ REAL und ein Pointer auf einen Record mit zwei Feldern der Typen REAL und CHAR gezeigt:

```
TYPE IntPtr = ^ INTEGER;
ArrPtr = ^ ARRAY [0...3]
                  OF REAL;
RecPtr = ^ RECORD
            FA: REAL;
            FB: CHAR;
         END;
```

Obwohl die Werte aller drei Pointervariablen Hauptspeicheradressen sind, sind sie nicht miteinander verträglich. Denn sie verweisen auf Datenobjekte ganz unterschiedlichen Typs.

Bild 10.1 Syntaxdiagramm „pointertyp"

Zum Zugriff auf die durch Pointer referenzierten Datenobjekte wird der Pointervariablen das Zeichen "^" nachgestellt.
Falls die Variablen

```
VAR PI: IntPtr;
    PA: ArrPtr;
    RR: RecPtr;
```

deklariert sind, stellt PI^ ein Datenobjekt vom Typ INTEGER, PA^ ein Array und PR^ einen Record dar. Mit diesen Daten dürfen alle Operationen durchgeführt werden, die für ihre Typen erlaubt sind, z. B.:

```
2*PI^ + 1
PA^[2] + 0.5
PR^.FA + 1.0
```

Der Deklarationszwang von PASCAL erfordert es, Bezeichner vor ihrer ersten Verwendung zu deklarieren. Beim Pointertyp gibt es die einzige Ausnahme. Sie ist notwendig, damit gleiche Datenobjekte miteinander „verzeigert" werden können.
Das Beispiel

```
TYPE Zeiger = ^ Knoten;
     Knoten = RECORD
       Info:...;
       Nachfolger: Zeiger
     END;
```

kann ohne Vorgriff nicht gelöst werden.
Falls der Datentyp Zeiger nicht noch in anderen Deklarationen benötigt wird, kann auch geschrieben werden:

```
TYPE Knoten = RECORD
       Info:...;
       Nachfolger: ^ Knoten
     END;
```

Auch hier wird bereits auf Knoten Bezug genommen, obwohl seine Deklaration noch nicht beendet ist.

10.3. Arbeit mit Pointern

Für Pointervariablen gleichen Typs ist die Zuweisung und die Ausführung der Vergleichsoperationen = und <> erlaubt. Mit dem Datenobjekt, auf das ein Pointer verweist, können die für seinen Datentyp zulässigen Operationen durchgeführt werden.
Es gibt die vordeklarierte Konstante NIL, die mit allen Pointertypen verträglich ist. Falls ein Pointer den Wert NIL hat, so zeigt er auf kein Datenelement. Der Zugriff über eine Pointervariable, die den Wert NIL hat, ist ein Fehler und führt zum Programmabbruch.
Für die Arbeit mit Pointer ist die Standardprozedur

NEW (p)

notwendig. Ihr aktueller Partner ist eine Pointervariable beliebigen Typs. Durch NEW wird für ein durch die Pointervariable referenziertes Datenobjekt Speicher bereitgestellt. Seine Adresse wird zum Wert der Pointervariablen. Den bereitzustellenden Spei-

cher entnimmt NEW dem sogenannten Heap.
Das folgende Programmstück zeigt ein Beispiel:

```
TYPE T = ARRAY[1...10] OF REAL;
VAR P:^T;
BEGIN
  ...
  NEW(p);
  P^[1]: = 1.5;
  ...
```

Vor dem Aufruf von NEW darf über P^ nicht zugegriffen werden. Erst durch NEW wird ein Array mit 10 REAL-Zahlen im Heap angelegt und kann anschließend genutzt werden.
Ob eine Pointervariable am Programmstart mit dem Wert NIL initialisiert ist, hängt vom verwendeten PASCAL-System ab. In TURBO-PASCAL ist ihr Wert unbestimmt. Durch die ersten Anweisungen eines Programms sollte Pointervariablen deshalb generell NIL zugewiesen werden.
Die nachfolgende Prozedur zeigt das Verzeigern von Datenobjekten zu einer Liste.

```
TYPE Zeiger = ^Knoten;
     Knoten = RECORD
      Info: Infotyp;
      Nachf: Zeiger
     END;

PROCEDURE Einf(V: Infotyp;
VAR P: Zeiger;
BEGIN
 NEW(p);
 WITH P^ DO BEGIN
  Info: = V;
  Nachf: = Anfang
 END;
 Anfang: = P
END;
```

Die einzelnen Elemente der Liste sind vom Typ des schon bekannten Records Knoten. Das Feld Info enthält die Daten. Nachf zeigt auf das folgende Listenelement. Das Einfügen eines Elements geschieht am Listenanfang und wird durch die Prozedur Einf ausgeführt. Sie erhält dazu als Parameter die einzufügende Information und einen Zeiger auf den Listenanfang. Da der Listenanfang modifiziert wird, muß er als Referenzparameter übergeben werden. Zuerst wird ein neues Listenelement angelegt. Danach wird die Information eingetragen und die bisherige Liste als Nachfolger angehängt. Anschließend wird der Anfang auf das eben angelegte Element gestellt.
Bei Variantenrecords ist es möglich, aus dem Heap nur soviel Speicher auszufassen, wie tatsächlich benötigt wird. Dazu erhält NEW weitere Parameter:

NEW (p, t1, t2, ...);

Die ti repräsentieren die Werte der Anzeigefelder der anzulegenden Variante.
Dazu ein Beispiel:

```
VAR p:^RECORD
  CASE BOOLEAN OF
  FALSE: (C:CHAR);
  TRUE: (R:ARRAY[1...10]OF REAL)
END;
```

Beim Aufruf von

NEW(p, FALSE)

wird nur ein Datenelement vom Typ CHAR im Heap angelegt, bei

NEW(p, TRUE)

ein Array von 10 REAL-Zahlen.
In TURBO-PASCAL können bei NEW keine Werte für Anzeigefelder angegeben werden. NEW faßt immer den maximalen Speicherplatz aus.

10.4. Programmbeispiel

Das Programm löst die Aufgabe, Namen entsprechend ihrer lexikographischen Ordnung zu sortieren. Dazu wird mit den Namen eine Baumstruktur aufgebaut. Folgender Record bildet einen Knoten dieses Baumes:

```
TYPE Knoten = RECORD
     Name: Alpha;
     Vorg: ^Knoten;
     Nachf: ^Knoten
    END;
```

Das erste Feld trägt den Namen. Die Felder Vorg und Nachf verweisen auf weitere Knoten, die so in den Baum eingeordnet sind, daß

Vorg^.Name < Name < Nachf^.Name

gilt. Falls es keine Vorgänger und/oder Nachfolger gibt, hat das entsprechende Feld den Wert NIL. Das entsprechende Programm wird im Bild 10.2 gezeigt. Zu Beginn der Arbeit ist der Baum leer, das heißt, der auf ihn verweisende Zeiger hat den Wert NIL. Durch die Prozedur Insert wird der Baum Knoten für Knoten aufgebaut. Sie steigt zunächst solange im Baum ab; bis eine leere Stelle gefunden wird, an die der einzuordnende Name entsprechend seiner lexikographischen Ordnung paßt. Dort fügt sie einen neuen Knoten ein.

```
TYPE
  alpha=ARRAY[1..10] OF CHAR;
  link=^node;
  node=RECORD
    name: alpha;
    Vorg: link;
    Nachf:link
  END;


PROCEDURE Insert(VAR Teilbaum:link; Info:alpha);
BEGIN
  IF Teilbaum=NIL THEN BEGIN
    NEW(Teilbaum);
    WITH Teilbaum^ DO BEGIN
      name:=Info; Vorg:=NIL; Nachf:=NIL
    END
  END ELSE IF Info<Teilbaum^.name THEN
    Insert(Teilbaum^.Vorg,Info)
  ELSE
    Insert(Teilbaum^.Nachf,Info)
END;

PROCEDURE Print(Teilbaum:link);
BEGIN
  IF Teilbaum<>NIL THEN BEGIN
    Print(Teilbaum^.Vorg);
    WRITELN(Teilbaum^.name);
    Print(Teilbaum^.Nachf)
  END
END;
```

Bild 10.2 Prozeduren zur Arbeit mit einem binären Baum

Die Prozedur Print traversiert den Baum. Sie druckt für jeden Knoten zuerst die Namensfelder der Vorgängerknoten, dann den Namen des Parameterknotens und danach die Namen der Nachfolgeknoten.
Die Prozeduren Insert und Print rufen sich rekursiv auf. In TURBO-PASCAL müssen sie deshalb mit der Compileroption ○A- übersetzt werden.

10.5. Verwaltung des Heap-Speichers

Durch weitere Standardprozeduren ist es möglich, nicht mehr benötigten Speicherplatz wieder in den Heap einzugliedern. Er kann so im Zuge der Abarbeitung des Programms wieder für andere Datenobjekte benutzt werden.
Zur effektiven Anwendung dieser Prozeduren ist es erforderlich, die Anordnung eines PASCAL-Programms im Hauptspeicher zu kennen. Sie wird im Bild 10.3 gezeigt. Aus prinzipiellen Gründen gibt es zwischen den PASCAL-Systemen kaum Unterschiede. Der Speicherbereich untergliedert sich zunächst in Kode und Daten. Der Kodebereich enthält das Hauptprogramm und die Prozeduren.
Der Datenbereich untergliedert sich weiter in Heap, Stack und Hauptprogrammvariable.

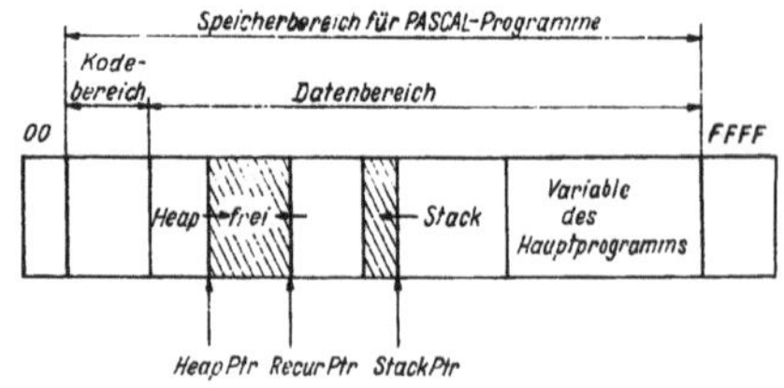

Bild 10.3 Prinzipielle Anordnung eines PASCAL-Programms im Hauptspeicher

Im Stack werden Parameter für Prozeduren und Funktionen sowie Zwischenresultate der Ausdrucksberechnung abgelegt.
Der Heap wächst nach steigenden, der Stack nach fallenden Adressen. Die PASCAL-Systeme überwachen die Ausdehnung von Stack und Heap. Ein Ineinanderlaufen von Stack und Heap führt zum Programmabbruch mit einer entsprechenden Fehlermeldung.
Bei TURBO-PASCAL gibt es noch einen Rekursionsstack, der mit Hilfe von RecurPtr verwaltet wird. In ihm sichern die rekursiv aufrufbaren Prozeduren die „alten" Werte ihrer lokalen Variablen. In TURBO-PASCAL sind HeapPtr, RecurPtr und StackPtr vordeklarierte Variablen, denen das PASCAL-Programm Werte zuweisen kann.
Ein fehlerfreies Arbeiten ist aber nur dann gewährleistet, wenn stets gilt:

HeapPtr < RecurPtr < StackPtr

Die Standardprozedur

DISPOSE(p)

gibt den Speicherplatz wieder frei, auf den die Pointervariable p verweist. Das eigentliche Problem bei DISPOSE liegt in der sinnvollen Wiederverwendung von freien Speicherbereichen, die sich inmitten des Heap befinden.

Beim TURBO-PASCAL wird darüber Buch geführt. Die Standardprozedur NEW versucht zuerst, das neu anzulegende Datenobjekt in einer Lücke zu plazieren. Die Standardfunktionen MEMAVAIL und MAXAVAIL liefern die Menge des insgesamt bzw. zusammenhängend feien Speichers in Byte.
Die Standardprozeduren

MARK (p) und
RELEASE (p)

eröffnen dem Programmierer den Zugang zu einer eigenen Heapverwaltung. MARK (p) legt den augenblicklichen Wert von HeapPtr in der Pointervariablen p ab. Durch RELEASE (p) wird HeapPtr wieder auf den Wert der Pointervariablen p gesetzt.
Es unterliegt der Verantwortung des Programmierers, zu entscheiden, wann HeapPtr zurückgesetzt wird.
Die Prozeduren MARK und RELEASE stellen die einfachste Form der Heap-Verwaltung dar. Sie gibt es in nahezu allen PASCAL-Systemen.
TURBO-PASCAL hat weiterhin die Prozeduren

GETMEM (p, n) und
FREEMEM (p, n).

Sie fassen aus dem Heap n Bytes aus bzw. geben ihn zurück. Mit GETMEM läßt sich der Mangel von NEW für Variantenrecords mindern.

11. TURBO-PASCAL-Sytem

11.1. Einführung

Gegenstand dieses Kapitels ist die Darstellung von *Erweiterungen und Leistungen* des TURBO-PASCAL-Systems, die nicht Bestandteil von Standard-PASCAL sind und in dieser Form nicht oder nur teilweise in anderen PASCAL-Systemen anzutreffen sind.
Das sind:
- Typenübertragung
- typisierte Konstanten
- Datentypen BYTE und STRING
- absolute Variablen
- vordeklarierte Arrays für Zugriff auf den Hauptspeicher und die E/A-Ports
- Einfügen von Maschinenkodepassagen
- Aufruf von Maschinenkodeunterprogrammen
- Überlagerungsstrukturen für PASCAL-Prozeduren
- unterschiedliche Modi der Objektkodeerzeugung
- Quellprogrammuntergliederung.

Weiterhin wird im letzten Abschnitt die Bedienung des Systems erläutert.

11.2. Typenübertragung

Die Möglichkeit der Typenübertragung gestattet es dem Programmierer, gezielt die *Typenkontrolle des Compilers außer Kraft* zu setzen und in bestimmtem Umfang normalerweise unverträgliche Datenobjekte einander zuzuweisen.
Die Anwendung dieses Mechanismus wird an zwei Beispielen gezeigt. Im ersten Beispiel wird ein Datenelement vom Typ BOOLEAN einem INTEGER-Datenelement zugewiesen:

```
VAR i: INTEGER;
    b: BOOLEAN;
...
i: = INTEGER (b);
```

Das zweite Beispiel zeigt die Anwendung bei Aufzählungstypen:

```
TYPE farbe = (rot, blau, grün);
VAR f: farbe; i: INTEGER;
...
f: = farbe (0);
```

Entsprechend der internen Darstellung von Aufzählungstypen ist die letzte Zuweisung mit

f: = rot

äquivalent.
Bei der Typenübertragung wird nicht konvertiert. Das heißt, die Typenübertragung z. B. zwischen REAL und INTEGER ist nicht möglich.

11.3. Typisierte Konstanten

Ein oft diskutierter Mangel an Standard-PASCAL ist das Fehlen von Ausdrucksmitteln, mit denen *strukturierte Konstanten* deklariert werden können.
TURBO-PASCAL stellt zur Lösung dieses Problems sogenannte typisierte Konstanten bereit.
Mit Hilfe der nach Bild 11.1 modifizierten Konstantendeklaration werden sie in die Sprache eingebaut. Die Bilder 11.2 bis 11.5 zeigen weitere Einzelheiten der Syntax.
Eine naheliegende Anwendung könnte folgende Konstantendeklaration sein:

```
TYPE Tag = (Mo, Di, Mi,
            Do, Fr, Sa, So);
CONST WoAnfang: Tag = Mo;
```

Weitaus wichtiger dürfte aber die Deklaration von Array-, Record- und Mengenkonstanten sein. Es folgen Beispiele:

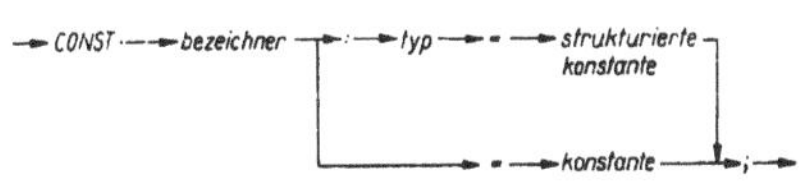

Bild 11.1 Modifiziertes Syntaxdiagramm „konstantendeklaration“

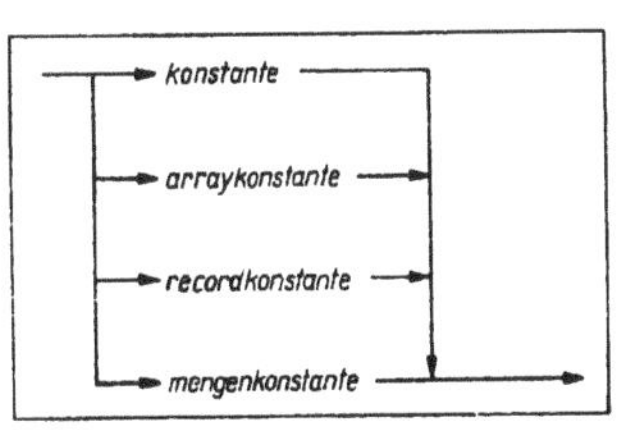

Bild 11.2 Syntaxdiagramm „strukturierte konstante“

Bild 11.3 Syntaxdiagramm „arraykonstante“

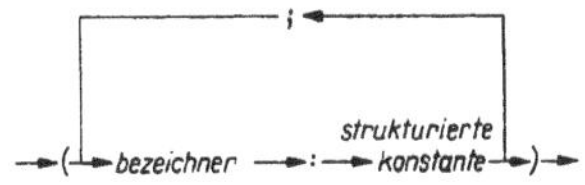

Bild 11.4 Syntaxdiagramm „recordkonstante“

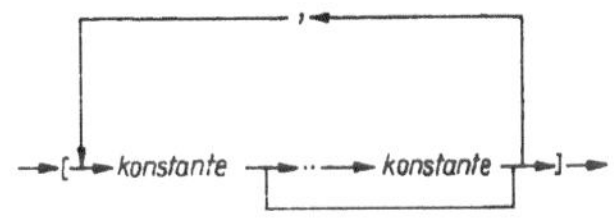

Bild 11.5 Syntaxdiagramm „mengenkonstante“

```
a) Deklaration von Arraykonstanten
TYPE Vekt = ARRAY [1...2] OF REAL;
     Mat = ARRAY [1...3, 1..2]
                         OF REAL;
CONST X: Vekt = (1.0, 2.0);
      A: Mat  = ((1.1, 1.2),
                 (2.1, 2.2),
                 (3.1, 3.2));
Die Werte der Arraykomponenten müssen
zeilenweise aufgeführt werden.
b) Deklaration von Recordkonstanten
TYPE REC = RECORD
        F1 : INTEGER;
        F2 : CHAR
       END;
CONST R : REC = (F1 : 1; F2 : 'A');
```

Die Recordfelder werden durch Voranstellen ihrer Bezeichner gekennzeichnet.

```
c) Mengenkonstanten
TYPE S = SET OF (A, B, C);
CONST S1 : S = [A, C];
      S2 : S = [A];
```

Die nun folgenden Beispiele zeigen die Kombination der Grundelemente:

```
TYPE T1 = ARRAY [1..2] OF
           RECORD
             F1 : INTEGER;
             F2 : CHAR
           END;
CONST K1 : T1 = ((F1 : 1);
                 (F2 : 'A');
                 (F1 : 2);
                 (F2 : 'B'));
TYPE T2 = RECORD
     F1 : ARRAY [1..2]
              OF INTEGER;
     F2 : ARRAY [1..3]
                OF CHAR
     END;
CONST K2 : T2 = (F1 : (1, 2);
              F2 : ('A', 'B', 'C'));
TYPE T3 = ARRAY [1..2]
              OF SET OF 0..7;
CONST K3 : T3 = ([0, 1], [6, 7];
```

Für Arrays mit dem Komponententyp CHAR gibt es zwei mögliche Formen:

```
TYPE T = ARRAY [1..3] OF CHAR;
CONST K1: T = ('A', 'B', 'C');
      K2: T = ('ABC');
```

Wichtig bei der Verwendung typisierter Konstanten ist, daß allen Komponenten eines Arrays oder allen Feldern eines Records Anfangswerte zugewiesen werden müssen.
Typisierte Konstanten dürfen wie Variablen benutzt werden, das heißt, abweichend von der Konzeption einer Konstante darf ihnen während der Programmabarbeitung ein Wert zugewiesen werden.

11.4. Datentypen BYTE und STRING

TURBO-PASCAL stellt zusätzlich die Datentypen BYTE und STRING bereit.
BYTE ist der *Teilbereich* 0..255 von INTEGER.
STRING ist ein Datentyp, dessen Wertebereich *Zeichenketten* einer bestimmten Länge sind, die bei der Deklaration angegeben werden muß. Die maximale Länge ist 255.
Variablen vom Stringtyp dürfen einander zugewiesen und verkettet werden. Als Verkettungsoperator fungiert das Pluszeichen.
Weiterhin ist die Anwendung der Vergleichsoperatoren zulässig.
Beispiele für Operationen mit Zeichenketten sind:

```
VAR S1, S2: STRING [20];
...
S1: = 'ABC'
S2: = S1 + '.TXT';
IF S2 <> 'STOP' THEN ...
IF S1 < S2 THEN ...
```

Ein einzelnes Zeichen einer Zeichenkette kann durch Angabe seines Index ausgewählt werden. Die Zählung beginnt bei 1. Falls S1 z. B. den Wert 'ABC' hat, liefert S1 [3] das Zeichen 'C'.
Weiterhin dürfen Variablen vom Typ STRING als aktuelle Parameter der Standardprozeduren READ, WRITE und ASSIGN angegeben werden.
Das nachfolgende Beispiel zeigt dies:

```
VAR FileName: STRING [10];
    F: FILE OF ...;
.
.
READ (FileName);
ASSIGN (F, FileName);
.
.
```

Mit READ (FileName) wird der Name des durch ASSIGN zuzuweisenden Files erst zur Programmlaufzeit eingelesen.
Bei der internen Darstellung des Stringtyps wird die maximale Länge mitgeführt. Der Stringtyp STRING [Max] entspricht intern folgendem Rekord:

```
RECORD
  Laenge: BYTE;
  Info: ARRAY [1..Max] OF CHAR
END
```

Falls die aktuelle Länge kleiner als Max ist, wird die Information durch eine Null beendet.
Zur Arbeit mit Stringvariablen gibt es Standardprozeduren und -funktionen. In der nachfolgenden Aufzählung sind s, s1, s2, ... Stringvariablen.

LENGTH (s)	Liefert die aktuelle Länge von s.
POS (s1, s2)	Sucht s1 und s2 und liefert die Position.
COPY (s, pos, n)	Liefert Stringvariable, die von pos beginnend aus n Zeichen von s gebildet wird.
CONCAT (s1, s2, ...)	Liefert Stringvariable aus Kettung von s1, s2, ..
DELETE (s, pos, n)	Entfernt aus s ab pos n Zeichen.
INSERT (s1, s2, pos)	Fügt s1 ab pos in s2 ein.
STR (ausdruck, s)	Konvertiert ausdruck in Stringvariable s.
VAL (s, variable, pos)	Konvertiert s in die interne Darstellung von variable. Enthält s ein nicht erlaubtes Zeichen, zeigt pos seine Position an.

11.5. Absolute Variablen

Mit absoluten Variablen kann die Speicherplatzordnungsstrategie des Compilers umgangen und einer Variablen eine *vorgegebene Speicheradresse* zugeordnet werden.
Die folgenden Beispiele zeigen die Deklaration des Bildwiederholspeichers als zweidimensionales Array von CHAR und den Zugriff auf die Kommandozeile des Betriebssystems:

```
VAR BWS: ARRAY [1..24, 1..80]
         OF CHAR ABSOLUTE ○F800;
.
.
KomZeile: STRING [127]
          ABSOLUTE ○80;
.
.
WRITELN ('KomZeile: ', Cmd)
```

(Der Zugriff auf die Kommandozeile funktioniert nur, falls das PASCAL-Programm als COM-File durch das Betriebssystem gestartet wurde).
Eine weitere Möglichkeit, in die Speicherplatzzuordnungsstrategie des Compilers einzugreifen, ist das „Übereinanderlegen" von Variablen.

```
VAR XREAL: REAL
    XArr: ARRAY [1..6] OF BYTE
          ABSOLUTE XReal;
```

Die Variablen XReal und XArr haben die gleiche Position im Hauptspeicher.

11.6. Vordeklarierte Arrays

TURBO-PASCAL stellt die vordeklarierten Arrays

```
VAR MEM: ARRAY [0..○FFFF]
         OF BYTE;
    PORT: ARRAY [0..○FF]
         OF BYTE;
```

bereit. MEM korrespondiert mit dem *Hauptspeicher* und PORT mit den *E/A-Toren* des Rechners.
Die Anweisungen
PORT [n]: = ...;
... : = PORT [n];
werden in die Maschinenbefehle
OUT n und
IN n
umgesetzt.

11.7. Einfügen von Maschinenkodepassagen

Maschinenkodepassagen können mit der Inline-Anweisung wie eine gewöhnliche Anweisung in ein PASCAL-Programm eingefügt werden. Die Maschinenbefehle sind in ihrer numerischen Darstellung anzugeben.
Zur Erleichterung dürfen jedoch Variablenbezeichner verwendet werden. Der Compiler ersetzt sie durch ihre Adressen. In TURBO-PASCAL ist das problemlos möglich, da allen Variablen eine feste Hauptspeicheradresse zugeordnet ist (siehe Pkt. 5.5.4.). Eine Bezugnahme auf den Speicherplatzzuweisungszähler ist mit Hilfe des Zeichens "*" möglich.
Das folgende Programmstück zeigt den Befehl LD HL, (X):

```
VAR X: INTEGER
...
INLINE (○2A/X);
...
```

Die einzelnen Bytes bzw. Variablenbezeichner sind durch Schrägstriche zu trennen.

11.8. Aufruf von Maschinenkodeunterprogrammen

TURBO-PASCAL gestattet den Aufruf von Maschinenkodeunterprogrammen. Dazu ist wie bei einer PASCAL-Prozedur die Angabe eines Prozedurkopfes notwendig. Der Block wird jedoch durch den reservierten Bezeichner EXTERNAL und die Adresse des Maschinenkodeprogramms ersetzt.
Nachfolgend ein Beispiel für eine Prozedur mit zwei Parametern:

```
PROCEDURE MaschKode
    (VAR A: INTEGER; B: REAL);
        EXTERNAL adresse;
```

Aufgerufen wird das Maschinenkodeunterprogramm wie eine PASCAL-Prozedur.
Vom Programmierer ist abzusichern, daß zur Abarbeitungszeit an der angegebenen Speicheradresse tatsächlich das erwartete Programm steht.

wird fortgesetzt

Elektronische Baugruppen und mechanische Aufbausysteme für die Automatisierungstechnik

Lothar Kampe, Friedrich Kowarsch
VEB Elektro-Apparatewerke Berlin-Treptow „Friedrich Ebert", Zentrum für Forschung und Technologie

Modularer Aufbau von Mikroprozessorsystemen

Der Einzug von Mikroprozessoren in die Rechen- und Automatisierungstechnik führte international zum Einsatz von modularen Systemen der elektronischen Baugruppen und der Gefäßtechnik.

In den letzten Jahren hat sich die 19-Zoll-Gefäßtechnik entsprechend den Publikationen der Internationalen Elektronischen Kommission **IEC**, weltweit durchgesetzt. Die Vereinheitlichung der Maße führte im NSW zu gleichen Aufbauten der Gefäßeinheiten für die unterschiedlichsten Anwendungsfälle in den Industriezweigen. Im RGW wurden die Systemmaße im ST RGW 834–77 und ST RGW 3266–81 standardisiert.

Die Überarbeitung beider Standards erfolgt mit Ziel, eine vollständige Übereinstimmung zu den zwischenzeitlich verbindlichen IEC-Publikationen 297 zu erreichen. Da die DDR seit 1982 auch Mitglied in der IEC ist, werden diese Standards ebenfalls von der DDR mitgetragen.

Die Orientierung auf modulare Systeme, die von internationalen Firmen komplett angeboten werden, reichen von Kunststoffgehäusen für kleine Meßgeräte bis hin zu komplexen und vielseitig verwendbaren Gefäßaufbauten für Steuerungs- und Überwachungseinrichtungen. Dies bedeutet für die Anwender Einsparung an Konstruktions- und Entwicklungskapazität und Einsatz von erprobter und bewährter Gefäßtechnik. Entsprechende positive Erfahrungen und ökonomische Einschätzungen liegen für das ca. 1972 in der DDR entstandene einheitliche Gefäßsystem EGS I/II ebenfalls vor. Durch den modularen Aufbau ist eine Aufrüstung zusätzlicher elektronischer Baugruppen mit modernen Schaltkreisen, um die Anwendungsmöglichkeiten der Einrichtungen zu erweitern, leicht möglich. Die Gefäßsysteme bestimmen durch den Einsatz neuer Technologien, hochwertiger Werkstoffe und modernen Designs den Weltstand. Die Einschubeinheiten der unterschiedlichen, international führenden Firmen sind in ihrem konstruktiven Aufbau nahezu gleich und maßlich kompatibel. Nur die äußeren Hüllen, also die Gehäuse, sind unterschiedlich ausgeführt. Es zeichnet sich der Trend ab, daß die sogenannte Industrieelektronik immer mehr in gutgestaltete Büromöbel Einzug hält. Unter Nutzung der 19-Zoll-Einschubtechnik sind in den letzten 10 Jahren eine Vielzahl von Bussystemen entwikkelt worden, die sehr viel detailliertes Wissen aus unterschiedlichsten Bereichen, z. B. der Rechnerarchitektur, Elektronik, Fertigungstechnik und Kenntnisse der Abschirmprobleme erfordern. Diese Bussysteme werden für die 8, 16- und 32-Bit-Mikroprozessortechnik mechanisch passend zum 19-Zoll-Gefäßsystem angeboten.

Gedruckte Rückverdrahtung (GRV)

Die Entwicklung von 16-Bit-Mikroprozessorsystemen erfordert heute eine verstärkte Konzentration auf das Problem des verwendeten Busses. Die Erfahrungen bei 8-Bit-Prozessoren haben gezeigt, wie wichtig für den Erfolg einer Baugruppen-Serie die Entscheidung für einen weitverbreiteten und standardisierten Bus ist, um Parallelentwicklungen und -produktionen zu vermeiden. Wenn man beim Entwurf eines Systems von der funktionellen Struktur einmal absieht, müssen zuerst die elektrischen Voraussetzungen und die mechanischen Paßfähigkeiten erfüllt sein, die meistens als zweitrangig eingestuft werden, aber aus praktischen Erfahrungen ausschlaggebend sind. Die Einschubtechnik stellt die eigentliche Verbindung zwischen der eingesetzten Bauelementegeneration und dem Bus her. Deshalb bieten bekannte Gefäßfirmen bereits konfektionierte gedruckte Rückverdrahtungsleiterplatten sowie auch Stromversorungen an und überschreiten damit die Grenze zwischen Mechanik und Elektronik.

Zur Paßfähigkeit wurden die mechanischen Anschlußparameter für Bussysteme nach DIN 41494/05 in der IEC im TC 48D – „Elektromechanisches Zubehör für elektronische Geräte" sowie auch im SC 47B – „Mikroprozessoren" standardisiert.

Wahl des Kartenformates

Das Europakartenformat mit den Abmessungen (3U) $100 \times 160\,mm^2$ und (6U) $233{,}35 \times 160\,mm^2$ hat sich nicht nur in Europa durchgesetzt, sondern findet auf dem amerikanischen Markt wachsendes Interesse. Folgende Gründe sind für die Durchsetzung der Zollabmessungen für die Karten ausschlaggebend gewesen:

- Die Industrienormen DIN und IEC für Kartenformate, Steckverbinder und Einschubtechnik existierten bereits.
- Dadurch ist ein großes Angebot an mechanischem Zubehör wie Gehäusen, Einschubeinheiten, Steckverbindern usw. vorhanden, die erprobt sind, sich bewährt haben und lieferbar sind.
- Die indirekten Steckverbinder sind wesentlich zuverlässiger als die vorwiegend in den USA eingesetzten direkten Steckverbinder.
- Das kompakte Europakartenformat bildet den besten Kompromiß zwischen Leistungsfähigkeit und Modularität moderner, auf hochintegrierten Bausteinen basierender Computersysteme.

Der Weg zur Standardisierung der Bussysteme

Für die 8- und 16-Bit-Mini- und Mikroprozessor-Computersysteme wurden 1976 von der Firma Intel auf der Grundlage des Mikroprozessors 8086 Busarchitekturen erarbeitet und zwischenzeitlich als Mulitbus I in der IEEE (USA) und IEC standardisiert.

Daneben wurden für 16-Bit-Computersysteme auf der Grundlage des MC 68000 der Firma Motorola unter Zusammenarbeit internationaler Firmen der VME-Bus (Versa Module Europe) in Europa als Standardbus eingeführt. Die unterschiedlichen Mikroprozessoren, wie z. B. auch Z 8000 von der Firma Zilog, sind schaltungstechnisch mehr oder weniger aufwendig auch an Busstrukturen anderer Bauelementehersteller anpaßbar.

Von der Firma Siemens wurden u. a. die AMS-M bzw. AMS-R 16-Bit-Spezifikationen als europäische Version auf der Grundlage des 8086 entwickelt und angepaßt.

Inzwischen wurden die optimalen Strukturen für den Multibus I in der IEC 47B normiert. Grundlage für die mechanische Paßfähigkeit an die 19-Zoll-Einschubtechnik sind die

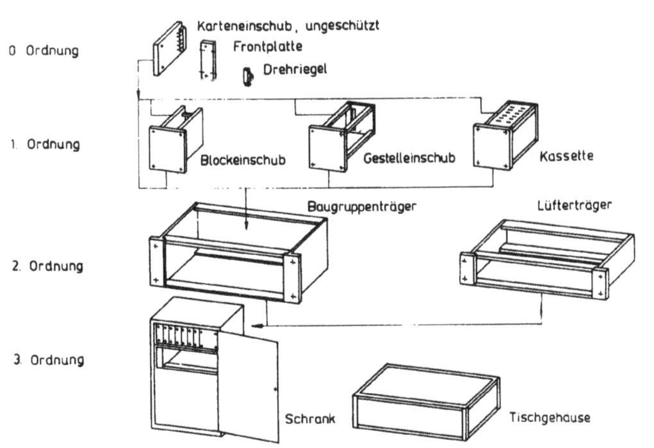

Bild 1 Prinzipieller Aufbau der 19-Zoll-Einschubeinheiten

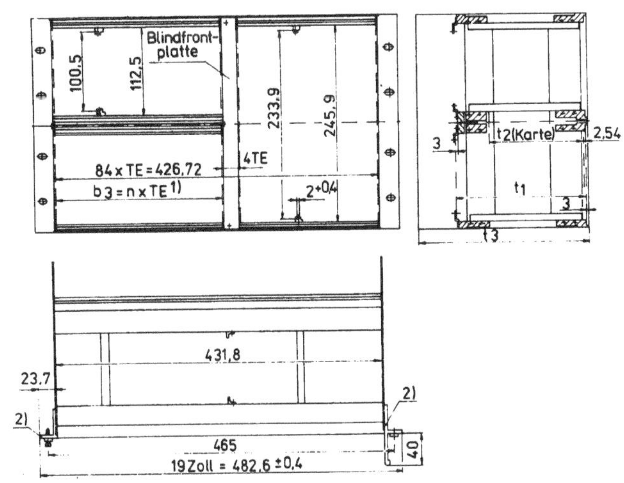

Bild 2 Auszug aus der IEC 279-3

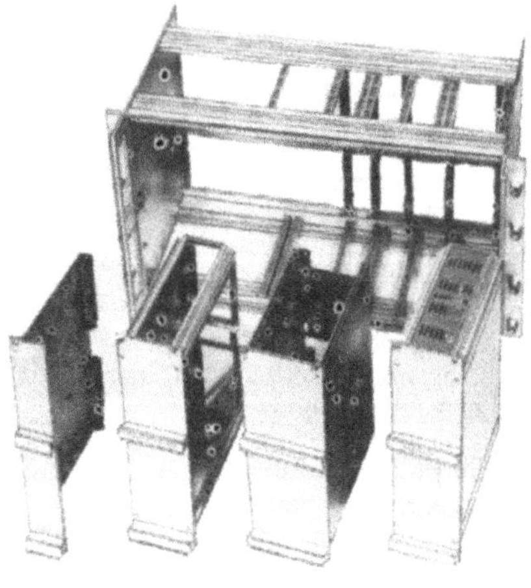

Bild 3 Aufbau- und Bestückungsbeispiel

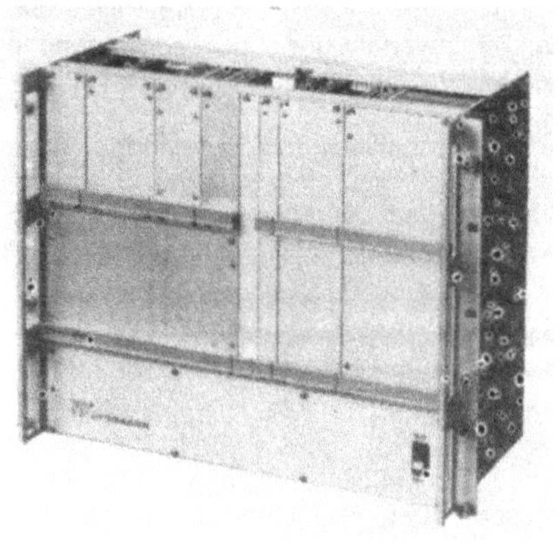

Bild 4 6U-Baugruppenträger auf einem 2U-Lüfterträger

IEC 297–1, 297–2, 297–3 und 3A
Im Multibus-I-System sind die Leiterplattenformate mit 100 × 160 mm^2 (einfachhohe Europakarte) und 233,35 × 160 mm^2 (doppelthohe Europakarte) festgelegt. Die Leiterplatten 100 × 160 mm^2 sind grundsätzlich mit Steckverbindern Bauform C 96polig, nach DIN 41612 oder IEC 603-2 (E TGL 43887) bestückt. Sofern Ein- und Ausgangssignale zu kontaktieren sind, müssen dafür frontseitig Steckverbinder verwendet werden, deren Ausführung dem einzelnen Hersteller überlassen ist (z. B. Interface-Steckverbinder aus Gornsdorf 9/15/25/polig, EBS-GO 4006).
Für zukünftige Mikroprozessorsysteme mit 32 Bit Verarbeitungsbreite wurde 1982 von der Firma Intel der Multibus II zuerst spezifiziert und stellt eine Weiterentwicklung zum Multibus I dar. Entsprechend dem Multibus II wurde in Europa der OSM-B 16- und 32-Bit-Bus für Mikroprozessorsysteme mit einem kompletten Funktionsspektrum spezifiziert (OMS-B = offenes Siemens Mikrocomputer-Baugruppensystem).
Das Format der Multibus-II-Leiterplatten ist wiederum paßfähig zur IEC 297–2, 297–3 und 3A. Auf Grund des günstigen Preis/Leistungsverhältnisses wurde auf die doppelte Europakarte mit der 220-mm-Tiefe orientiert. Es werden ebenfalls die 96poligen Steckverbinder nach DIN 41612 oder IEC 603–2 eingesetzt.
Der Multibus II befindet sich im SC 47B der IEC in der Phase der Standardisierung.

Einschubeinheiten 19 Zoll des KEAW

Zur Aufnahme von elektronischen Baugruppen werden im KEAW 19 Zoll-Einschubeinheiten entwickelt und als kombinatsinterne Lösung in die Produktion überführt. Dieses Gefäßsystem wird das Aussehen der EAW-electronic für Steuerungs- und Überwachungssysteme mit 16 und 32-Bit-Mikrorechnersystemen prägen. Grundlage der Entwicklungen bilden ebenfalls die IEC 297–1, 297–2, 297–3 und 3A.
Damit ist die Paßfähigkeit beim Einsatz von Steckverbindern nach DIN 41612 sowie die Montage der gedruckten Rückverdrahtung eines normierten Bussystems gegeben.
Durch den Einsatz dieser hochentwickelten Aufbautechnik ist es möglich, Mikroprozessorgeräte zu projektieren und die mechanische Anpassung an den eingesetzten Prozessor zu garantieren.
Laufwerkskassetten zur Aufnahme von Floppy-Disk oder Winchester lassen sich bei Bedarf problemlos integrieren. Lüfterbausteine sorgen für die Abfuhr der Wärme.
Weiterhin wurde eine Lösung zum Einbau eines 12"-Bildschirmes im 6U-hohen Baugruppenträger erarbeitet.
Durch den Einsatz der gedruckten Rückverdrahtung (Busleiterplatte) mit mehreren Steckplätzen kann das System bei Erfordernis erweitert werden.
Eine metallische Verkleidung des Baugruppenträgers dient zur Einhaltung der erforderlichen Sicherheitsbestimmungen sowie den Vorschriften zur Funkentstörung und dem Schutz der Signale vor elektromagnetischer Beeinflussung.
Nichtbenutzte Steckplätze werden durch Blindplatten verdeckt.

Entwicklungsergebnis

Bild 1 stellt den prinzipiellen Aufbau der Einschubeinheiten 19 Zoll und die Verknüpfung einiger Gefäße als Beispiel dar, ohne vollständig zu sein.
Das Grundraster ist 2,54 mm.
Folgende Teilungseinheiten sind abzuleiten:
– Teilungseinheit der Breite: TE = 5,08 (n × TE)
– Teilungseinheit der Höhe: U = 44,458 mm (n × U) = Höheneinheiten; h_1
– Teilungseinheit der Höhe für die Leiterkarte:
(3 × U) –35,35 = z. B. 3Höheneinheiten; h_2 = 100 mm
– Einheit des Tiefensprungs: t = 60 mm (t_1 = 175,24 + n x 60)
Zählung n = 1, 2, 3 ...
Bild 2 stellt einen Auszug aus der IEC 297–3 dar und beinhaltet nur die Hauptmaße im Baugruppenträger.
Im Bild 3 ist ein Aufbau- und Bestückungsbeispiel eines Baugruppenträgers mit Gefäßen 0. und 1. Ordnung dargestellt.
Bild 4 stellt einen 6U-Baugruppenträger auf einem 2U-Lüfterträger dar.

Konstruktive Gestaltung

Das konstruktive Konzept für die Einschubeinheiten ist gekennzeichnet durch eine bestimmte Anzahl beliebig miteinander kombinierbarer Einzelteile, die mittels Schraubverbindung gefügt werden.
Der Grundaufbau für den Baugruppenträger besteht aus 4 Trägerschienen aus Al-Strangpreßprofilen, die mit Stahlseitenwänden und je nach Anwendungsfall erforderlichen Griff- oder Winkelprofilen vom Anwender verschraubt werden. Die Trägerschienen sind zur Aufnahme von Mutternkäfigen oder Gewindestreifen mit entsprechenden Längsnuten ausgebildet. Zur Platzbestimmung der Führungsschienen und auch der Steckverbinder sind selbstklebende Bezeichnungsstreifen in die Trägerschienen einsetzbar. Die Platzkennzeichnung im Baugruppenträger für die Baugruppen können dabei im eingeschobenen Zustand durch eine Bohrung in der Frontplatte abgelesen werden.
Die Führungsschienen sind im Raster n × 5,08 mm einrastbar. Der 6U-hohe Baugruppenträger kann jederzeit und ohne mechanische Änderung mit zusätzlichen Teilen zu einem 3U- und 6U-Mischbaugruppenträger aufgerüstet werden.
An der Verdrahtungsebene ist die Montage der gedruckten Rückverdrahtung nach IEC 47B oder auch bei herkömmlicher Wickelverdrahtung die Montage von Strom- und Kammschienen möglich.
Bei Bedarf können in die Trägerschienen Abdeckbleche oben und unten eingesetzt und auch die rückwärtige Verdrahtungsebene mit einer Abdeckhaube versehen werden.
Die Frontplatten an den Baugruppen (Karteneinschübe, Blockeinschübe, Gestelleinschübe und Kassetten) bestehen aus 2,5 mm Al-Blech, die mit Griffleisten zum Ziehen und mit M 2,5 Befestigungsschrauben ausgerüstet sind. Die Griffleisten sind so ausgebildet, daß Bezeichnungsstreifen eingelegt werden können. Karteneinschübe ohne Frontplatten sind mit Drehriegeln versehen.
Die Leiterkarten sind im Bedarfsfall, z. B. bei Einsatz von SMD-Bauelementen, um 5,08 mm eingerückt aus der Systemlage an der Frontplatte montierbar. Die Leiterkarten sind mit Steckverbindern der Bauform C96, R96 und/oder F48 nach DIN 41612 auszurüsten.
Als Prozeßsteckverbinder werden zusätzlich Interface-Steckverbinder nach IEC 99 eingesetzt (entspricht EBS-GO 4006/01 des VEB KSG).
Da die Steckverbinder am Baugruppenträger fest verschraubt oder an der *Gedruckten Rückverdrahtung* eingelötet sind, besitzen die Plastschienen zur Führung der Leiterkarten zum Toleranzausgleich verbreiterte Führungsnuten.
Die Lüfterträger, die mit den gleichen Al-Strangpreßprofilen wie die Baugruppenträger aufgebaut werden, sind 2U hoch und können mit maximal 3 Lüftern (1459.1, 2, 3 TGL 36958) ausgerüstet werden.

✉ KONTAKT ☏

VEB EAW Berlin, ZFT, Storkower Straße 101, Berlin, 1055; Tel. 4388587 (Kampe) Foto: Eckelt (1)

TERMIN

15. Leipziger Automatisierungskolloquium „CAD-Systeme auprocad-16 für die Projektierung von Automatisierungsanlagen"
WER? AG(B) Automatisierungstechnik-CAD/CAM beim Bezirksvorstand Leipzig der KDT
Wann? 19. Oktober 1988
WO? Leipzig
WAS? Rechnergestützte Projektierung von Automatisierungsanlagen; Softwareproduktionsumgebung SPAS zum Entwurf von Binärsteuerungen; Dialog-Auswahl von Bauteilen für Automatisierungsanlagen aus 16-Bit-PC.
WIE? Interessenten wenden sich formlos schriftlich oder telefonisch an KDT, BV Leipzig, PF 40, Leipzig, 7010

Schwendler

Rekursion – eine faszinierende Beschreibungsmöglichkeit

Dr. Horst Birnstiel
Friedrich-Schiller-Universität Jena, Sektion Technologie

Rekursion ist die Beschreibungstechnik, in der etwas durch sich selbst mit veränderten Parametern und einer Abbruchbedingung erklärt wird. Rekursion ist in prozeduralen Sprachen (z. B. PASCAL) für die Formulierung von Prozeduren eine Möglichkeit unter anderen; in deklarativen Sprachen (z. B. PROLOG) ist ihre Bedeutung wesentlich größer. Was IF, FOR, WHILE und REPEAT für PASCAL sind, das sind die Rekursion und das Backtracking für PROLOG. In prozeduralen Sprachen schreibt ein Programm vor, was der Reihe nach, unter welchen Bedingungen, mit welchen Wiederholungen zu machen ist. In deklarativen Sprachen wird das Problem vom Programmierer mit logischen Aussagen (Prädikaten) beschrieben, und der Rechner bestimmt, was er zu tun hat. Expertensysteme werden heute meist mit deklarativen Werkzeugen entworfen. Die kommende 5. Rechnergeneration mit der möglichen Wissensverarbeitung wird neben LISP Prolog als zentrale Sprache verwenden. Probleme rekursiv zu notieren, ist bis zu einer gewissen Angewöhnungsschwelle schwierig und kippt dann in die Selbstverständlichkeit. Man frage Kollegen, die von PASCAL (oder gar von BASIC) kommen und sich PROLOG angeeignet haben: Sie alle hatten (mehr oder weniger) ihre Schwierigkeiten und verstehen inzwischen nicht mehr, daß sie Schwierigkeiten hatten ... In der Informatik-Ausbildung aller Stufen sollte mehr auf die Rekursion eingegangen werden; die Lernschwelle zum Verstehen rekursiver Algorithmen muß frühzeitig abgebaut werden. Nachfolgend sind mit dieser Zielstellung Beispiele für rekursive Notationen zusammengestellt und jeweils in *Mensch-Notation* und in *PROLOG-Notation* angegeben. Kenntnisse in PROLOG sind für das Verstehen nur wie folgt erforderlich:

PROLOG verlangt **Prädikate,** d. h. logische Aussagen. Ein Prädikat hat einen Namen, in runden Klammern, gefolgt von **Argumenten,** die durch Komma getrennt sind. Als Beispiel ist fak(N,F) die Aussage:

Die Fakultät von N ist F. In Prolog programmieren, heißt **Klauseln** (Fakten und Regeln) aufzuschreiben. Die Klausel „Etwas gilt" heißt **Fakt.** Zum Beispiel ist fak(0,1) der Fakt, daß die Fakultät von 0 gleich 1 ist. Allgemein ist die Fakultät von N gleich F, wenn die Fakultät von N−1 gleich F1 ist und F=N∗F1 gilt. Eine solche Klausel „Etwas gilt, wenn das und jenes und ... gilt" heißt Regel. Damit ist für PROLOG die Fakultätsberechnung angebbar als:

```
clauses fak(0,1).
        fak(N,F) if N > 0 and N1=N-1
        and fak(N1,F1) and F=N*F1.
```

Klauseln stehen nach dem Eröffnungswort „clauses", sie enden mit einem Punkt. Statt „if" kann „:-" geschrieben werden, statt „and" ein Komma „,".

Die Fakultät ist durch 2 Klauseln beschrieben. PROLOG nimmt immer zuerst die erste. Es werde z. B. verlangt

„goal fak(3,X), write(X)."

Goal (Ziel) ist gewissermaßen das Hauptprogramm, das auf die Klauseln zurückgreift. „Groß X" ist eine Variable (Variablen beginnen mit einem großen Buchstaben oder einem Unterstrich). PROLOG prüft die erste Klausel fak(0,1). Die paßt nicht auf das Subgoal fak(3,X). Die 2. Klausel verlangt N > 0 (ja, erfüllt), N1=N−1 (ja, N1 wird an 2 gebunden), fak(N1,F1), PROLOG geht wieder zur ersten Klausel, usw. Die ganze logische Beschreibung wird über den Stack (Kellerspeicher) aufgelöst. Zuletzt wird X an 6 gebunden und angezeigt. Write(X) ist ein Standardprädikat zur Ausgabe. Die *Erlösung* aus der Rekursion erfolgt durch die Abbruchbedingung, hier durch den Fakt fak(0,1). Die Abbruchbedingung muß im Programm zuerst stehen, damit sie bei jedem rekursiven Aufruf geprüft wird. fak(3,X) braucht zur Berechnung fak(2,F1), das braucht fak(1,F2), das braucht fak(0,F3) und jetzt sagt der Fakt fak(0,1), daß F3=1 sein muß. Nun ist die Auflösung möglich. All das macht PROLOG selbständig. Der Programmierer muß sein Problem logisch rekursiv beschreiben. Also:

1. Beispiel

Fakultät F einer natürlichen Zahl N berechnen.

Mensch-Notation:

$0! = 1$ und $N! = N*(N-1)!$

PROLOG-Notation: (Das Eröffnungswort „clauses" wird weggelassen)

```
fak(0,1).
fak(N,F) if N > 0, N1=N-1,
  fak(N1,F1), F=N*F1.
```

2. Beispiel

Summe der natürlichen Zahlen von 1 bis N

Die rekursive „Mensch-Denkweise" lautet:

$$\begin{pmatrix}\text{Summe S der Zahlen}\\ \text{1 bis N}\end{pmatrix} = \begin{pmatrix}\text{Summe S1 der Zahlen}\\ \text{1 bis N1}\end{pmatrix} \text{ plus N}$$

mit der Abbruchbedingung „Summe der Zahlen von 1 bis 1 ist 1"

Die *PROLOG-Notation* ist ein *Abschreiben* der Mensch-Notation:

```
summe(1,1).
summe(N,S) if N1=N-1 and
summe(N1,S1) and S=S1+N.
```

3. Beispiel

Druck der natürlichen Zahlen von 1 bis N

Die iterative *Rechner-Notation* liegt auf der Hand:

for i=1 to n do write(i).

Die rekursive *Mensch-Notation* ist fast lächerlich einfach:

$$\begin{pmatrix}\text{Druck der Zahlen}\\ \text{1 bis N}\end{pmatrix} = \begin{pmatrix}\text{Druck der Zahlen}\\ \text{1 bis N}-1\end{pmatrix} \text{ und Druck von N}$$

Das ist eine typische Rekursion, sehr selbstverständlich und trotzdem muß man sich erst an sie gewöhnen.

Die *PROLOG-Notation* lautet:

```
druck(0).
druck(N) if N1=N-1, druck(N1), write(N).
```

Die Auflösung ist Sache von PROLOG, der Programmierer beschreibt *nur* sein Problem. Übrigens werden mit

druck(0). druck(N) if write(N), N1=N−1, druck(N1).

die Zahlen rückwärts (von N bis 1) ausgegeben.

4. Beispiel

Listen sind in PROLOG rekursive Objekte. Sie werden durch ihre Darstellung als [Listenkopfelement | Restliste] rekursiv bearbeitbar. Das Listenkopfelement ist ein einzelnes Element. Der senkrechte Strich ist das Trennzeichen. Die Restliste ist eine Liste. In der Erklärung einer Liste taucht also eine Restliste auf; die besteht selbst aus Kopf und Rest, usw. So wird Kopfelement nach Kopfelement abgespaltet, schließlich bleibt die leere Liste []. Es gibt Listen von Zahlen, von Strings, von zusammengesetzten Objekten. In *PROLOG*-Programmen wird häufig die Prüfung gebraucht, ob X ein Element der Liste L ist. Das zugehörige Prädikat heißt member(X,L). Die Liste L läßt sich als [Kopfelement | Restliste] darstellen. Und damit gilt die „tolle" rekursive member-Definition:

$$\begin{pmatrix}\text{X ist Element der}\\ \text{Liste L, bestehend}\\ \text{aus Kopfelement}\\ \text{und Restliste}\end{pmatrix} \text{ if } \begin{pmatrix}\text{X ist Kopfelement}\\ \text{der Liste}\end{pmatrix}$$

$$\text{oder } \begin{pmatrix}\text{X ist Element}\\ \text{der Restliste}\end{pmatrix}$$

Im ersten Oder-Part interessiert nur der Kopf, die Restliste nicht. Im zweiten Oder-Part interessiert nur die Restliste, der Kopf nicht. Nicht interessierende Variablen werden mit dem Unterstrich (der anonymen Variablen) "_" bezeichnet.

Umgeschrieben lautet die PROLOG-Formulierung:

```
member(X,[X|_]).
member(X,[_|Rest]) if member(X,Rest).
```

Man könnte die erste Klausel (sie ist oben ein Fakt) auch als Regel schreiben:

member(X,[Kopf | _]) if X=Kopf.

5. Beispiel

Die Länge einer Liste ist die Anzahl ihrer Elemente. Es gibt real-Listen, string-Listen, Listen zusammengesetzter Objekte, Listen von Listen, usw. Die Listen sind in PROLOG und LISP (List-Processing, da kommen die Listen her!) etwas sehr Allgemeines. In prozeduralen Sprachen denkt man bei der Bestimmung der Länge einer Liste sofort ans Abzählen. Nicht so in deklarativer Denkweise:

Die Länge der leeren Liste ist Null.

Die Länge einer Liste ist N, wenn die Länge der Restliste (Liste ohne ihr erstes Element) N−1 ist.

Diese Aussage ist derart selbstverständlich, derart naiv, daß man sich gewissermaßen erst daran gewöhnen muß, zu begreifen, daß sie dem Rechner genügt.

```
listlen([],0).
listlen([_ | Rest],N) if listlen(Rest,N1) and
N=N1+1.
```

6. Beispiel

Ein Prädikat ntesElement(Liste,N,X) soll von einer Liste L = [Kopfelement | Restliste] das N-te Element X bestimmen. Und wieder ist die *logische* Beschreibung der Aufgabe eine Selbstverständlichkeit:

Das an der Stelle 1 stehende Element der Liste L ist das Kopfelement.

Das an der Stelle N stehende Element der Liste L ist X, wenn das an der Stelle N−1 stehende Element der Restliste auch X ist.

In PROLOG-Klauseln lauten diese Aussagen:

```
ntesElement([Kopfelement | _],1,Kopf-
element).
ntesElement([_ | Restliste], N, X) if
N > 1, N1=N-1,
ntesElement(Restliste,N1,X).
```

7. Beispiel

Ein eindrucksvolles Beispiel für die Eleganz rekursiver Problembeschreibung (und für PROLOG auch gleichzeitig Programmierung!) ist für die Formulierung des Spiels „Türme von Hanoi". Es gibt 3 Stapelplätze für Scheiben: links, Mitte, rechts. Links steht ein Turm von N nach oben immer kleiner werdenden Scheiben. Man denke an N=3 mit Geldstücken: Groschen ganz unten, dann Fünfer, dann Pfennig. Der Turm soll von links nach rechts gebracht werden, der mittlere Platz dient während des Spiels als Ablage. Die Spielregeln lauten: 1. Stets nur eine Scheibe bewegen. 2. Stets darf eine Scheibe nur auf einer größeren Scheibe zu liegen kommen. Eine mögliche Lösung für N=3 ist: links nach rechts, links nach Mitte, rechts nach Mitte, links nach rechts, Mitte nach links, Mitte nach rechts, links nach rechts.

Rekursiv läßt sich das Problem allgemein für N Scheiben wie folgt formulieren:

N Scheiben von links unter Nutzung von Mitte nach rechts bringen heißt:

N−1 Scheiben von links unter Nutzung von rechts nach Mitte bringen

UND eine Scheibe von links nach rechts bringen

UND N−1 Scheiben von Mitte unter Nutzung von links nach rechts bringen.

In Prolog lautet das (für ein lauffähiges Programm fehlt noch einiges):

```
bringe(N,Links,Mitte,Rechts) if N1=N-1,
  bringe(N1,Links,Rechts,Mitte),
  write(„von",Links,„nach",Rechts),
bringe(N1,Mitte,Links,Rechts).
```

Links, Mitte, Rechts sind Variablen, denen allen dreien die Konstanten links, rechts, mitte (kleingeschrieben!) zugewiesen werden können.

8. Beispiel

Die Rekursion ist grundsätzlich anwendbar, wenn irgendein Problem für N=1 lösbar ist und für N=allgemein angegeben werden soll. Dazu zählen u. a. Fahrtrouten (N=1: von einem Ort zum anderen direkt; N=allgemein: von einem Ort über andere Orte zu irgendeinem), Pläne (z. B. Arbeitspläne) (N=1: eine einzige Aktivität, z. B. ein Arbeitsgang; N=allgemein: alles übrige ohne die erste Aktivität), usw. Als Fakten seien viele Wege von jeweils einem Zustand zu einem anderen samt zugehörigen Übergangsoperationen gespeichert. Bei Wegeproblemen z. B. weg(ort1,ort2,entfernung), bei Planproblemen z. B. teil(zustand1,zustand2,operation), usw.

Dann gilt (wieder selbstverständlich):

„Von Anfang nach Ende kommen" =

„Es gibt einen (direkten) Weg von Anfang nach Ende."

ODER „Es gibt einen Weg von Anfang nach X."

UND „Von X nach Ende kommen."

Das ist schon (fast!) die PROLOG-Programmierung.

PROLOG (= Programming in Logic) unterstützt von den höheren Programmiersprachen am besten Rekursion (davon war hier die Rede) und Backtracking (davon war hier nicht die Rede).

Die angegebenen Beispiele sind in TURBO-PROLOG notiert; andere Dialekte haben geringfügige Abweichungen.

Wir müssen mehr die rekursive Beschreibung von Problemen nutzen, sicher mehr in der Ausbildung, aber wohl auch im Programmieralltag.

✉ KONTAKT ☎

FSU Jena, Sektion Technologie, Ernst-Thälmann-Ring 32, Jena, 6900; Tel. 8222741

Technik international

32 Bit für Einsteiger

Mit dem Deskpro 386s will Compaq einem großen Anwenderkreis im PC-Sektor die 32-Bit-Technik erschwinglich machen. Basis dafür ist der Einsatz einer „Billig-Version" des Prozessors 80386, bei welcher der externe Datenbus auf 16 Bit reduziert wurde – immer noch ausreichend für eine Leistung von 2,5 bis 3 MIPS bei einer Taktfrequenz von 16 MHz.

Werkfotos Compaq

Seit kurzem produziert Intel eine abgerüstete Variante des 32-Bit-Prozessors 80386 unter der Bezeichnung 80386SX (früher P9), die im Gegensatz zum „echten" 32-Bit-80386 extern nur mit 16 Bit Datenbreite arbeitet. Das spart nicht nur Konstruktions- und Herstellungsaufwand, sondern reduziert auch die Kosten für ein Rechnersystem, denn statt einer 32-Bit-Peripherie wird nur solche mit 16 Bit benötigt. Ähnliches praktizierte Intel ja bereits beim 8088, der gegenüber dem „echten" 16-Bit-Prozessor 8086 extern nur mit 8 Bit arbeitet; IBM nutzte dies dann für die Massenproduktion ihrer ersten PCs aus, da der 8088 billiger und schneller in großen Stückzahlen verfügbar war.

Der 80386SX ist zum 80386 voll befehlskompatibel, mit seinen 24 externen Adreßleitungen verwaltet er bis zu 16 MByte physischen Arbeitsspeicher. Getaktet wird er mit 16 MHz; damit soll seine Rechenleistung nur etwa 10 Prozent geringer sein als die des 80386.

Compaq nutzt nun in Zusammenarbeit mit Intel den 80386SX, um den „ersten Personal Computer mit 80386-Prozessor für breite Anwenderkreise" zu produzieren – den Compaq Deskpro 386s – und damit seine Produktpalette nach unten abzurunden. Der 386s ist als Einstieg in die Familie der 80386-Rechner beispielsweise bei der Bürokommunikation mit Standardanwendungen oder als Basis-Workstation unter MS OS/2 gedacht. Lauffähig ist die bereits vorhandene Software unter MS-DOS, MS Windows/386 und OS/2. Andererseits kann die auf dem 386s entwickelte Software später auch auf „echten" 32-Bit-PCs weitergenutzt werden. Gegenüber 80286-Systemen soll der 386s eine zwischen 35 und 60 Prozent höhere Systemleistung besitzen.

Durch Einsatz von Enhanced Page Memory, auf den der Prozessor über einen schnellen 16-Bit-Bus zugreift, wird die Leistung des 80386SX-Prozessors im 386s optimiert. Um die Systemleistung bei rechenintensiven Anwendungen wie Tabellenkalkulation weiter zu erhöhen, ist eine Ausstattung mit dem wahlweise verfügbaren Intel-80387SX-Koprozessor möglich.

Der enorme Datendurchsatz bei allen Systemkomponenten wird durch einen getrennt arbeitenden „concurrent"-Bus erreicht, der für Zugriffe auf Hauptspeicher und Peripherie getrennte Buswege zur Verfügung stellt. Damit können alle Systemkomponenten mit der optimalen Geschwindigkeit getaktet werden, ohne an Kompatibilität zum Industriestandard zu verlieren.

Der „concurrent"-Bus verknüpft einen Hauptspeicherbus mit dem Industriestandard-Peripheriebus und arbeitet mit der gleichen Taktrate wie der 16-MHz-80386SX-Prozessor. Dieser ist auf die Leistungsanforderungen von Systemerweiterungen wie Festplattenlaufwerken, Video-Systemen, Netzwerk-Karten, DFÜ-Optionen und ähnlicher Peripherie abgestimmt. Die Integration zahlreicher Systemfunkionen in ASICs sowie der intensive Einsatz von Surface-Mount-Technology (SMT) auf der Systemplatine ermöglichen die geringen Ausmaße des 386s. Durch Konzentration verschiedener Baugruppen auf der Systemplatine (u. a. auch der Video-Grafik-(VG-)-Controller, Festplatten- und Standard-Schnittstellen) bleiben vier 8/16-Bit-Steckplätze frei.

Damit ist im Gehäuse Platz für vier Massenspeicher und vier 8/16-Bit-Erweiterungsplatinen mit voller Länge.

Während das Modell 1 des 386s über ein 5,25-Zoll-Floppy-Laufwerk verfügt (optional 3,5 Zoll), besitzen das Modell 20 zusätzlich ein 20-MByte- und das Modell 40 ein 40-MByte-Festplattenlaufwerk. Wahlweise gibt es auch 110-MByte-Festplattenlaufwerke mit weniger als 25 Millisekunden Zugriffszeit. Der 386s unterstützt bis zu zwei Diskettenlaufwerke und bis zu zwei Festplattenlaufwerke. Für letztere gibt es eine Disk-Cache-Software, die den Zugriff beschleunigt und dadurch die Systemleistung erhöht. Ebenfalls als Option gibt es ein 135-MByte-Bandlaufwerk. Alle Modelle sind mit 1-MByte-Enhanced-Page-RAM ausgestattet. Der Systemspeicher läßt sich modular bis auf 13 MByte schnellen RAM erweitern. Im Lieferumfang ist auch der COMPAQ Expanded Memory Manager CEMM enthalten. Diese Software ist kompatibel zu der Lotus/Intel/Microsoft LIM/EMS-Spezifikation und ermöglicht, die 640-KByte-Grenze unter MS-DOS zu durchbrechen und auf den erweiterten Speicher zuzugreifen. *MP*

Computer-Club

V 24-Treiberroutine für den Plotter K 6418

Klaus-Dieter Kirves; Karsten Schiwon
VEB Mikroelektronik „Wilhelm Pieck" Mühlhausen

Die Anschlußmöglichkeit von grafikfähigen Druckern wurde bereits in vorangegangenen Ausgaben beschrieben, hier ist nun eine weitere Möglichkeit des Anschlusses eines grafikfähigen Ausgabegerätes, eines Plotters, für die Kleincomputer KC 85 vorgestellt.

Allgemeines

Wesentlicher Unterschied zu den bisherigen Treiberprogrammen ist das verwendete V.24-Software-Protokoll. Dieses Protokoll wird auch DC1-DC3 Protokoll genannt. Wird der Empfang von Daten von der Steuerung des Plotters erlaubt, sendet dieser ein DC1, der Kleincomputer kann Daten an den Plotter ausgeben. Ist der Pufferspeicher des Plotters bis auf 500 Byte belegt, wird vom Plotter das Signal DC3, Puffer voll, gesendet. Prinzipiell ist es möglich, weitere 12 Byte fehlerfrei in den Pufferspeicher des Plotters zu übergeben. Es ist allerdings weniger aufwendig, den Datenfluß sofort zu unterbrechen, so wie das auch der in Bild 1 abgebildete Treiber macht. Das Senden von Daten vom Computer wird erst nach Erkennen des DC1-Signals wieder erlaubt. Wird ein Byte fehlerhaft vom Plotter empfangen, sendet dieser die Meldung durch ein Byte DC4.
Auf diese Weise ist eine Synchronisation des Datenflusses, ähnlich wie über die Steuerleitung beim Hardware-Protokoll möglich. Weiterhin ist es möglich, bei Verarbeitung des empfangenen Fehlersignals DC4, eine Statusabfrage des Plotters vorzunehmen. Dazu muß an den Plotter ein EHQ (05H) ausgegeben werden. Als Antwort sendet der Plotter sein Statusbyte, das, wie im Bild 2 dargestellt, aufgebaut ist.
Zum besseren Verständinis ist im Bild 3 der Datenfluß zum Softwareprotokoll dargestellt.
Diese Protokollart verlangt allerdings, daß beide zusammengeschlossenen Geräte über Sender und Empfänger verfügen. Neben den zwei Datenleitungen wird nur die Masseverbindung benötigt. Der Anschluß des V.24-Kabels erfolgt am Kleincomputer über einen Diodenstecker, am Plotter über eine 26polige Steckerleiste nach TGL 29331, Blatt 04 (Griffelemente nach TGL 29331, Blatt 08). Es sind die in Bild 4 dargestellten Anschlüsse zu verbinden.

Bedienung der Treibersoftware

Der Einheitlichkeit wegen erfolgt die Bedienung der Treibersoftware so, wie das von den Treiberprogrammen der Drucker bekannt ist.
Das Teiberprogramm PLOT-6418COM belegt im KC-85-System den Speicherbereich von BA00H (Anfangsadresse) bis BC00H (Endadresse). Es ist natürlich möglich, dieses Programm auf andere Adressen zu binden, so ist z. B. bei gleichzeitiger Nutzung eines Druckers mit der Ansteuersoftware der Programmmkassette C0/171 V.24-Software das Binden auf die Adresse BC00H zu empfehlen. Die Selbsstartadresse ist BA0BH, so, daß nach dem Einlesen selbständig eine Initialisierung eines V.24-Moduls M003 des KC-85-Systems erfolgt:

- Aktivierung des V.24-Moduls im Modulschacht 8
- Zeichenausgabe über Kanal 1 des V.24-Moduls
- Initialisierung des USER-Ausgabekanals 1 (USER OUT 1, Basic LIST#2).

Durch den Selbststart des Programms werden folgende Übertragungs- Bedingungen, die dem vom Plotter angeforderten Datenformat entsprechen, eingestellt:

Übertragungsrate:	1200 Baud
Bit pro Zeichen	7
Anzahl der Stoppbits:	2 (mindestens 1 verlangt)
Parität:	ungerade

Neben dem Auto-Start ist, wie nach einem RESET des Systems notwendig, ein Start der Treiberroutine über das CAOS-Menü möglich. Durch Anwahl des Menü-Eintrages *PLOT6418* wird, ohne die Angabe von Parametern, die Ausgabe über V.24-Interface für den Plotter erneut initialisiert. Bei der Initialisierung des Programmes kann der Modulschacht angegeben werden, in welchem der Modul M003 kontaktiert ist. Der Aufruf des Programmes erfolgt aus der Menüeingabe des Betriebssystems heraus.
Folgendes Beispiel verdeutlicht dies:
·/·PLOT6418C
Hier wird der Modul im Schacht mit der Adresse 0C initialisiert.

Tafel 1 Initialisierungstabelle für Übertragungsraten zur Ansteuerung des Plotters K 6418; Vollduplex, 7 Bit/Zeichen, 2 Stopp-Bit

Obertragungsrate Bit/s	Initialisierungsbytes 1	2	3	4	5	6	7	8	9
2400	47	17	18	04	4D	03	41	05	28
1200	47	2E	18	04	4D	03	41	05	28
600	47	5B	18	04	4D	03	41	05	28
300	47	60	18	04	89	03	41	05	28
150	47	5B	18	04	C9	03	41	05	28

Bild 1 Assemblerlisting des V.24-Treiberprogrammes zum Anschluß eines Plotters K 6418 an das Kleincomputersystem KC 85

```
3000                ORG     0BA00H
BA00           ;V.24-TREIBER FUER PLOTTER K6418
BA00           ;  K. SCHIWON & K.-D. KIRVES
BA00           CAOS     EQU     0F003H   ;SYSTEMAUFRUF
BA00           ARGN     EQU     0B781H   ;ANZAHL ARGUMENT
BA00           ARG1     EQU     ARGN+1   ;ARGUMENT 1
BA00           OUTAB    EQU     0B7B9H
BA00           UOUT1    EQU     0B7BDH
BA00           SIO      EQU     08H
BA00           CTC      EQU     0CH
BA00           DC1      EQU     11H      ;PUFFER LEER
BA00           DC3      EQU     13H      ;PUFFER VOLL
BA00           DC4      EQU     14H      ;FEHLERMELDUNG
BA00           EQH      EQU     05H      ;FEHLERANFORDER.
BA00 47        INTAB:   DEFB    47H      ;CTC-START
BA01 2E                 DEFB    2EH      ;1200 BAUD
BA02 18                 DEFB    18H      ;SIO-RESET
BA03 04                 DEFB    4        ;->WR4
BA04 4D                 DEFB    4DH
BA05 03                 DEFB    3        ;->WR3
BA06 41                 DEFB    41H
BA07 05                 DEFB    5        ;->WR5
BA08 28                 DEFB    28H
BA09           INTABE   EQU     *
BA09 01        HCPZ:    DEFB    1        ;BIT0 - ERROR
BA0A                                     ;BIT7 - PUFFER?
BA0A 08        MODSCH:  DEFB    8        ;MODULSCHACHTNR.
BA0B C323BA             JP      START    ;SELBSTSTARTADR.
BA0E 7F7F               DEFW    7F7FH
BA10 5632344B           DEFM    'V24K6418'
BA18 01                 DEFB    1
BA19 3A81B7             LD      A,(ARGN)
BA1C A7                 AND     A
BA1D 2804               JR      Z,START
BA1F 7D                 LD      A,L
BA20 320ABA             LD      (MODSCH),A
BA23 3A0ABA    START:   LD      A,(MODSCH)
BA26 47                 LD      B,A
BA27 0E80               LD      C,80H
BA29 ED78               IN      A,(C)
BA2B FEEE               CP      0EEH     ;M003?
BA2D 2805               JR      Z,ST1
BA2F CD03F0    ERROR:   CALL    CAOS
BA32 19                 DEFB    19H      ;FEHLERMELDUNG
BA33 C9                 RET
BA34 68        ST1:     LD      L,B
BA35 3E02               LD      A,2
BA37 1601               LD      D,1
BA39 5A                 LD      E,D
BA3A CD03F0             CALL    CAOS
BA3D 26                 DEFB    26H      ;SWITCH
BA3E 2192BA             LD      HL,SDD
BA41 22BEB7             LD      (UOUT1+1),HL
BA44 0E0C               LD      C,CTC
BA46 0602               LD      B,2
BA48 2100BA             LD      HL,INTAB
BA4B EDB3               OTIR
BA4D 0E0A               LD      C,SIO+2
BA4F 0607               LD      B,7
BA51 EDB3               OTIR
BA53 CD03F0             CALL    CAOS
BA56 23                 DEFB    23H      ;TEXTAUSGABE
BA57 44727565           DEFM    'Druecke PAPER am K6418'
BA6D 0D0A               DEFW    0A0DH
BA6F 00                 DEFB    0
BA70 DB0A      W1:      IN      A,(SIO+2);RR0
BA72 CB47               BIT     0,A      ;DATEN IM PUFFER
BA74 2008               JR      NZ,W2
BA76 3E10               LD      A,10H
BA78 CD03F0             CALL    CAOS
BA7B 14                 DEFB    14H      ;WARTESCHLEIFE
BA7C 18F2               JR      W1
BA7E DB08      W2:      IN      A.(SIO)  ;DATEN
```

```
BA80 E67F              AND   7FH       ;AUSBLENDEN BIT7
BA82 FE11              CP    DC1       ;BEREIT?
BA84 20A9              JR    NZ,ERROR
BA86 CD03F0            CALL  CAOS
BA89 23                DEFB  23H
BA8A 4F2E4B2E          DEFM  'O.K.'
BA8E 0D0A              DEFW  0A0DH
BA90 00                DEFB  0
BA91 C9                RET
BA92             ;ZEICHENAUSGABE
BA92 A7          SDD:  AND   A         ;DUMMY
BA93 C8                RET   Z
BA94 C5                PUSH  BC
BA95 F5                PUSH  AF
BA96 3A09BA            LD    A,(HCPZ)  ;DC3 alt
BA99 CB7F              BIT   7,A
BA9B 2029              JR    NZ,SD1
BA9D DB0A              IN    A,(SIO+2);STEUERBYTE
BA9F CB47              BIT   0,A       ;DATEN EINGEG.?
BAA1 2817              JR    Z,SD4
BAA3 DB08              IN    A,(SIO)   ;LESEN BYTE
BAA5 E67F              AND   7FH       ;AUSBLENDEN BIT7
BAA7 FE13              CP    DC3       ;PUFFER VOLL?
BAA9 200B              JR    NZ,SD2
BAAB 0680              LD    B,80H     ;merken
BAAD 3A09BA      SD6:  LD    A,(HCPZ)
BAB0 E67F              AND   7FH
BAB2 B0                OR    B
BAB3 3209BA            LD    (HCPZ),A
BAB6 FE14        SD2:  CP    DC4       ;Fehler?
BAB8 2826              JR    Z,SD3
BABA F1          SD4:  POP   AF
BABB D308              OUT   (SIO),A   ;Ausgabe Byte
BABD 3E03              LD    A,3       ;=18ms
BABF CD03F0            CALL  0F003H
BAC2 14                DEFB  14H       ;WAIT
BAC3 C1                POP   BC
BAC4 A7                AND   A         ;CY=0
BAC5 C9                RET
BAC6 DB08        SD1:  IN    A,(SIO)   ;LESEN EING.
BAC8 E67F              AND   7FH       ;AUSBLENDEN BIT7
BACA FE14              CP    DC4       ;Fehler ?
BACC 2812              JR    Z,SD3
BACE FE11              CP    DC1
BAD0 280A              JR    Z,SD11    ;WARTEN
BAD2 CD03F0            CALL  CAOS
BAD5 2A                DEFB  2AH       ;BRK?
BAD6 30EE              JR    NC,SD1
BAD8 3EFF        SD13: LD    A,0FFH    ;ABBRUCH
BADA 1819              JR    SD14
BADC 0600        SD11: LD    B,0
BADE 18CD              JR    SD6
BAE0 F1          SD3:  POP   AF
BAE1 3E05              LD    A,EQH     ;FEHLERNUMMER?
BAE3 D308              OUT   (SIO),A
BAE5 DB0A        SD7:  IN    A,(SIO+2);CONTROL
BAE7 CB47              BIT   0,A
BAE9 2008              JR    NZ,SD12 ;WARTEN AUF BYTE
BAEB CD03F0            CALL  CAOS
BAEE 2A                DEFB  2AH       ;BRK?
BAEF 30F4              JR    NC,SD7
BAF1 18E5              JR    SD13
BAF3 DB08        SD12: IN    A,(SIO)   ;FEHLERNUMMER
BAF5 CD03F0      SD14: CALL  CAOS
BAF8 1C                DEFB  1CH       ;AUSGABE HEX
BAF9 CD2FBA            CALL  ERROR
BAFC C1                POP   BC
BAFD 37                SCF             ;CY=1
BAFE C9                RET
BAFF             ;     E N D E

ERRORS: 0000
```

Steht ein DEVELOPMENT-Modul M027 zur Verfügung, so kann das Listing eingegeben und übersetzt werden. Anderenfalls kann auch eine Eingabe des Maschinencodes mittels des CADOS-Kommandos MODIFY ab Adresse BA00H erfolgen. In beiden Fällen wird das Maschinenprogramm als selbststartendes Programm auf Kassette abgespeichert. Die Kommandoeingabe dafür lautet:
·/·SAVE BA00 BB00 BA02
NAME: PLOT6418COM
Alle weiteren Informationen zum Programm können dem Listing entnommen werden.

Eine Änderung der Übertragungsraten ist durch die Verwendung der in der Tafel 1 dargestellten Initialisierungsbytes ab Adresse BA00 möglich.

Die V.24-Schnittstelle des Plotters

Beim Plotter K 6418 lassen sich die Übertragungsbedingungen mit Schaltern auf der V.24-Schnittstellenkarte des Gerätes einstellen. Dazu muß der Gehäusedeckel geöffnet werden. Die Schalter werden beim Einschalten des Plotters oder beim RESET abgefragt. Aus dem Bild 5 ist

```
Bit7   6    5    4    3    2    1    0
  1    1    1    x    1    1    1    1
                                     falsches Kommando
                                falscher Parameter
                           falscher Charakter
                      falsches Fenster
            Puffer aufnahmefähig
       Puffer voll
  Plotter bereit
```

Bild 2 Statusbyte des Plotters

```
Datenleitung        DC1                        DC3   DC1   +12V
vom Plotter         I                          I     I
                    I                          I     I     -12V
        ------------------------------------------------------

Datenleitung             IIIII III IIII                  II+12V
zum Plotter              IIIII III IIII                  II
                         IIIII III IIII                  II-12V
        ------------------------------------------------------
```

Bild 3 Zeitdiagramm des Duplex-V.24-Protokolls

```
26-polige Buchsenleiste für den Plotteranschluß

+----------------+
I                I3A
I   1A +    +    +    +    +    +    +    +    +    +    +    +    +
I      I----I
I      I
I   1B +    +    +    +    +    +    +    +    +    +    +    +    +
I      I              I 4B
I      I              +-----+
I      I------------+       I
I Masseverbindung   2       I      Diodenstecker
I                           I
I             4        5    I
I                           I
+------------1            3-+
Daten vom Plotter          Daten zum Plotter
```

Bild 4 Verbindungsleitung zum Anschluß des Plotters k 6418 an den V.24-Modul des Kleincomputers KC 85/3

```
    ----------------------------------------------------I       I----+
    I                                                   +-------+    I
    I                                                                I
I----                                                                I
I                                                                    I
I                                                                    I
I----                                                                I
    I                                                                I
    I              1 +---+                                           I
    I                I   I S1                                        I
    I              2 +---+                                           I
I----      1 +---+   A   B                                           I
I          2 I   I                                                   I
I          3 I   I S2                                                I
I          4 +---+                                                   I
I----        A   B                                                   I
    I                                                                I
    I                                                                I
    -----------------------------------------------------------------
```

Bild 5 DIL-Schalteranordnung des Plotters-V.24-Bausteins
S1: Schalter zur Interfaceumschaltung (dargestellt V.24)
S2: Geschwindigkeits- und Bitratenumschalter
Schalterstellung: A = on; B = off

Tafel 2 Funktionstabelle S1

S1.1	S1.2	S1.3	S1.4	Bedeutung
on	off	on	off	IFSS
off	on	off	on	V.24

Tafel 3 Funktionstabelle S2

S2.4	S2.3	S2.2	S2.1	Bitrate/Geschwindigkeit
on	on	on		9600 Bit/s
on	on	off		4800 Bit/s
on	off	on		2400 Bit/s
on	off	off		1200 Bit/s
off	on	on		600 Bit/s
off	on	off		300 Bit/s
off	off	on		150 Bit/s
off	off	off		75 Bit/s
			on	240 mm/s
			off	100 mm/s

die DIL-Schalteranordnung des V.24-Bausteins des Plotters ersichtlich. Die Bedeutung der Schalterstellungen sind in Tafel 2 und 3 angegeben. Zusammengefaßt ergeben sich für die Inbetriebnahme des durch den Computer angesteuerten Plotters K 6418 folgende Schritte:

- Einstellen der Datenübertragungsrate am Plotter
- Herstellen des Verbindungskabels
- Kontrolle des Verbindungskabels
- V.24-Modul stecken (dabei darauf achten, daß der Computer ausgeschaltet ist)
- Verbindung zwischen KC und Plotter herstellen
- Einschalten von KC und Plotter
- Laden des Treiberprogramms PLOT6418COM

Der Plotter ist betriebsbereit, wenn die Meldung *Drücke Paper am K6418* erfolgte und die Taste *Paper* am Plotter bedient wurde.

Wurden oben genannte Bedingungen eingehalten, kann die Arbeit mit dem System Computer-Plotter beginnen

Literatur

/1/ Beschreibung zur C0171 V.24 Software. VEB Mikroelektronik „Wilhelm Pieck" Mühlhausen

/2/ Mikroprozessorsystem der II. Leistungsklasse, Technische Beschreibung, Schaltkreis für Zähler- und Zeitgeberfunktion CTC U 857 D. VEB Mikroelektronik „Karl Marx" Erfurt

/3/ Mikroprozessorsystem der II. Leistungsklasse, Technische Beschreibung, Schaltkreis für serielle Ein- und Ausgabe SIO U 856 D. VEB Mikroelektronik „Karl Marx" Erfurt

/4/ KC 85, Beschreibung zum Modul M003 V 24. VEB Mikroelektronik „Wilhelm Pieck" Mühlhausen

/5/ Betriebsvorschrift K6418.02. Robotron

Bildschirmausdruck in BASIC unter SCP

In MP 3/1988, S. 95, wurde ein BASIC-Programm zum Ausdrucken von Bildschirminhalten beim PC 1715 unter SCP vorgestellt. Da mit dieser Lösung jedes einzelne Zeichen durch eine PEEK-Anweisung aus dem Bildwiederholspeicher gelesen wird, läuft der Druck relativ langsam ab. Es gibt leistungsfähigere Lösungen, diesen Ausdruck von Bildschirminhalten zu realisieren. Neben der Möglichkeit, in Verbindung mit der Installation des SCP entsprechende Vorkehrungen zu treffen (vgl. beispielsweise rd 1/1988, S. 39), kann der Ausdruck – insbesondere wenn er erst in Abhängigkeit von einer bestimmten Bildschirmanzeige entschieden werden soll – auch mit dem nachfolgenden BASIC-Programm erfolgen.

```
1000 'UP zum Ausdruck Bildschirminhalt
1010 '=
1020 X$ = SPACE$ (80)
1030 ADR1 = VARPTR (X$)
1040 ADR2% = -2084
1050 ADR3 = VARPTR(ADR2%)
1060 FOR I% = 1 TO 24
1070 Z1 = PEEK(ADR3)
1080 Z2 = PEEK(ADR3 + 1)
1090 POKE ADR1 + 1, Z1
1100 POKE ADR1 + 2, Z2
1110 LPRINT X$
1120 ADR2% = ADR2% + 80
1130 NEXT I%
1140 RETURN
```

Dieses Programm ist als Unterprogramm angelegt, kann aber auch durch Ersetzen der RETURN-Anweisung durch END als selbständiges Programm aufgerufen (und auch übersetzt) werden. Das Programm ist normalerweise für den Ausdruck von 24 Zeilen des 24 × 80-Bildschirmes vorgesehen, kann aber auch für eine andere Zeilenanzahl bzw. den 16 × 64-Bildschirm ausgelegt werden. Gleichzeitig kann es zweckmäßig sein, das Programm in Abhängigkeit von einer bestimmten Zeichenfolge auf einer Bildschirmzeile (z. B. Ok-Meldung) zu beenden.

Das ist dann durch Einfügen der folgenden Programmzeile möglich:

1105 IF LEFT$ (X$, 2) = „Ok" THEN GOTO 1140

Als Grundlage für die Arbeit dieses Programms wird die interne Darstellung von Zeichenketten verwendet, wobei jeweils eine Bildschirmzeile der Zeichenkettenvariablen X$ zugeordnet wird.

Dr. Claus Goedecke

KC-85/3 – BASIC – Tip Interruptgesteuerte Echtzeitmessung mit System – CTC

Die Möglichkeiten des BASIC-INTERPRETERS, Zeitmessungen in einem BASIC-Programm zu realisieren, sind sehr uneffektiv. Zum Beispiel ist die reale Erfassung der Zeit zwischen zwei Tastaturbetätigungen nur mit BASIC-Sprachelementen kaum möglich. Für solche Aufgaben ist die Verwendung eines interruptgesteuerten CTC-Kanals immer die günstigste Lösung. IM KC 85/3 (/2) wird der Kanal 2 des Grundgeräte-CTC zur Realisierung der Blinktaktfrequenz verwendet. Dieser Takt hat eine Periodendauer von etwa 0,8 Sekunden. Der betreffende CTC-Kanal arbeitet als reiner Zähler ohne Interrupt und wird von einem in der internen Hardware erzeugten Takt gespeist. Die Ausgangsimpulse dieses Kanals werden zur Realisierung der Blinkeffekte auf dem Displaybild verwendet. Wird nun in der Interruptstartadressentabelle (01E8H+4) für diesen Kanal die Startadresse für eine kurze Zählroutine eingetragen und die Interruptsteuerung freigegeben, so erhält man einen frei laufenden Zähler und muß vom BASIC-Programm aus nur die entsprechenden Speicherzellen auslesen bzw. durch Überschreiben rücksetzen.

Das folgende Programm realisiert eine solche Zählroutine (ständiges Incrementieren einer Integerzahl auf der Zeile 268–269 bzw. 10CH-10DH) und die entsprechende CTC-Uminitialisierung. Die Zählerroutine wird ab 256–267 bzw. 100H–10BH geladen.

```
10 DATA 251, 229, 42, 12, 1, 35, 34, 12, 1, 225, 237, 77, 0, 0
20 FOR I = 1 TO 14
30 READ J
40 POKE 255 + I, J
50 NEXT I
60 DOKE 492, 256
70 OUT 142, 249
```

Das Auslesen der Zählzelle erfolgt im BASIC-Programm z. B. mit I: = DEEK (268) und das Rücksetzen kann mit DOKE 268,0 realisiert werden. Wird beim Uminitialisieren des CTC-Kanals auch eine neue Zeitkonstante ausgegeben, so können auch andere Grundtaktperiodenzeiten erreicht werden, sofern die sich ändernde Blinkfrequenz im Displaybild nicht stört (nach Reset: 40 = 0,8 Sek.). Wichtig ist noch der Hinweis, daß der SOUND-Befehl diesen CTC-Kanal zur Tondauerbestimmung nutzt und somit bei der Anwendung des vorgestellten Verfahrens in Kombination mit dem SOUND-Befehl auf die Uminitialisierung des CTC-Kanals 2 geachtet werden muß.

Dr. Dieter Döring

Literatur

/1/ Kleincomputer KC 83/3, System-Handbuch. VEB Mikroelektronik „Wilhelm Pieck" Mühlhausen

Ermitteln des freien Diskettenspeicherplatzes mit REDABAS

Das Datenbankbetriebssystem REDABAS ist trotz mancher Nachteile gut zur Lösung von Aufgaben mit kleineren bis mittleren Datenmengen geeignet. Einer dieser Nachteile ist, daß bei erschöpfter Diskettenspeicherkapazität ohne vorherige Warnung ein Abbruch der Programmabarbeitung erfolgt. Mit dem vorgestellten Hilfsprogramm ist es problemlos möglich, die freie Speicherkapazität eines Laufwerks zu ermitteln und im Programm auszuwerten.

Bedingung dafür ist ein SCP-1715-kompatibles Betriebssystem, wobei der Laufwerkstyp beliebig sein kann, da das eingebundene Assemblerprogramm die Diskettenparametertabellen im BIOS auswertet.

Da vom Betriebssystem SCP 1715 nur 4 Laufwerke verwaltet werden, begrenzt der REDABAS-Programmteil die Laufwerksauswahl auf die Laufwerke A bis D.

Das eingebundene Assemblerprogramm kann jedoch 9 Laufwerke (A bis I) aufrufen, so daß eine Erweiterung möglich ist. Die Begrenzung auf 9 statt der zugelassenen 16 Laufwerke erfolgte, um eine möglichst einfache Parameterübergabe zu realisieren.

Bei Bedarf kann es auch in einen anderen Speicherbereich geladen werden, da nur der Aufruf der BDOS-Funktionen mit einer Absolutadresse (Call 5) erfolgt.

Mit diesen Hinweisen dürfte es einfach möglich sein, das angegebene Demonstrationsprogramm den jeweiligen Erfordernissen anzupassen.

Bernd Liebermann

```
* 12.08.87
* STAT.PRG

* Ermitteln des freien Diskettenspeicherplatzes

* Eingabe - Varialble LW (String)
*           enthaelt den Code (A..D) fuer das gewuenschte
*           Laufwerk, sonst wird das aktuelle Laufwerk
*           abgefragt
*
* Ausgabe - Variable FREE (Numerisch)
*           Sie enthaelt den freien Speicherplatz in kByte

**** Assemblerprogramm laden
SET CALL TO 42752
POKE 42752,229, 14, 25,205,  5,  0,225,245,229, 35,237,111
POKE 42764,230, 15, 95, 29, 14, 14,244,  5,  0, 14, 27,205
POKE 42776,  5,  0,229, 14, 31,205,  5,  0,229,221,225,221
POKE 42788, 94,  5,221, 86,  6, 33,  0,  0,227, 78, 35,  6
POKE 42800,  8,121,  7, 79, 56, 12,227,125,198,  1, 39,111
POKE 42812,124,206,  0, 39,103,227,122,179, 40,  6, 27,  5
POKE 42824, 40,227, 24,229,209,221, 70,  3,  4,203, 56,203
POKE 42836, 56,203, 56, 33,  0,  0,125,131, 39,111,124,138
POKE 42848, 39,103,  5, 32,245,235,221,225,221, 54,  0, 67
POKE 42860,221,114,  1,221,115,  2,241,221,229, 95, 14, 14
POKE 42872,205,  5,  0,225,201

**** Laufwerksnummer ermitteln
DO CASE
CASE 0=TEST(lw)
 STORE 0 TO free
CASE lw>='A' .AND. lw<='D'
 STORE ORD(lw)-64 TO free
CASE lw>='a' .AND. lw<='d'
 STORE ORD(lw)-96 TO free
OTHERWISE
 STORE 0 TO free
ENDCASE

**** Aufruf des Assemblerprogrammes
CALL free
STORE VAL(STR(free,4)) TO free

RETURN
```

PolyCAD

Zur Leipziger Herbstmesse 1988 wurde unter dem Namen PolyCAD ein neu entwickeltes CAD-Softwarepaket für 16-Bit-Mikrorechner vorgestellt, das im CAD/CAM-Softwareentwicklungszentrum des Kombinats Polygraph Leipzig unter Mitwirkung der TH Leipzig und des Kombinats Robotron entwickelt wird.

PolyCAD ist modular aufgebaut und besteht aus folgenden funktionellen Komponenten:

- einem relationalen Datenbanksystem
- einer leistungsfähigen Grafikschicht zur Zeichnungserstellung und zur Arbeit mit Symbolgrafiken für unterschiedliche Aufgabenstellungen
- einem Projektmanager (PM)
- einer Anzahl spezifischer Anwendermoduln, z. B. Konvertierungsmoduln, Stücklistenmodul, Informations- und Auskunftsmodul, Berechnungs- und Auswerteprogramme.

Diese funktionellen Komponenten werden in Anwenderpaketen kombiniert, z. B.:

POLYCON – Konstruktionsarbeitsplatz
Schwerpunkt: Zeichnungserstellung mit Zeichnungs- und Symboleditor sowie integrierten Datenbankfunktionen

POLYDAT – Projektierungsarbeitsplatz
Schwerpunkt: Datenbankgestützte Projektbearbeitung mit integrierten Grafikfunktionen

MBS 1700 – Modulbibliothek für Datenbankarbeit, grafische Realisierungen, nutzerspezifische Gestaltung eines Projektmanagers, Stücklistenmodul u. a.

Im Herbst 1988 ist für wichtige Systemteile die Industrieerprobung vorgesehen, der Vertrieb der Applikationssoftware wird im wesentlichen durch Robotron ab 1/89 übernommen, die Bereitstellung der Entwicklungssoftware (Modulbibliothek) erfolgt direkt durch das CAD/CAM-Zentrum Polygraph Leipzig. Informationsmaterial über PolyCAD ist ab 10/88 über das CAD/CAM-Softwareentwicklungszentrum Polygraph Leipzig, Wachsmuth Str. 4, 7031 Leipzig, Tel: 47 46 71, erhältlich.

Dr. D. Herden

CeBIT '88

Die Hannover-Messe CeBIT versteht sich als ein Weltzentrum der Kommunikations- und Computertechnik. Viele Fakten zeigen, daß die Messe diesem Anspruch in weitem Maße gerecht wird. Dies wird vor allem durch den hohen Anteil ausländischer Aussteller (USA: 174, Taiwan: 125 (1987: 67!), GB: 107) und die vielfältigen Präsentationen der Anwendungsmöglichkeiten deutlich. Überhaupt ist neben den technischen Neuerungen bei einzelnen Erzeugnissen dieser Anwendungsaspekt besonders deutlich ausgeprägt.
Auf der CeBIT '88 (16.–23. März 1988) wurden sowohl einzelne Hard- oder Software-Erzeugnisse als auch umfangreiche Systemlösungen unter anderem aus den Bereichen Büro- und Informationssysteme, Software und Unternehmensberatung, CIM, CAD, CAM und Telekommunikation vorgestellt.
Nachfolgend einige Ausführungen zu Entwicklungstendenzen und bemerkenswerten Exponaten.

Computertechnik

Der zur CeBIT '86 angekündigte Supercomputer ETA 10 der Firma Control Data Corporation wurde vorgestellt. Eine Anlage war auf dem Messestand ausgestellt. Mit diesem System wird eine Ära des Supercomputing eingeleitet. Die Systeme sollen in großen Stückzahlen produziert werden, sind vergleichsweise preiswert (Modelle P, Q, E und G zwischen ca. 1 ... 10 Mio $) und sollen vornehmlich als Abteilungsrechner im wissenschaftlichen Bereich und weniger als main frame im Rechenzentrum eingesetzt werden (Beachte: Dezentralisierungstendenz auch bei den „Großen"!). Die Zusammenstellung in der Tafel zeigt die Leistungsbreite auf.
Einiges zur technischen Basis: Es werden spezielle VLSI-CMOS-Gate-Array mit 20000 Gattern eingesetzt. Geringe Wärmeabgabe (ca. 800 W je Board) ermöglichen eine hohe Pakkungsdichte und Luftkühlung bei den kleineren Modellen. Die Stickstoffkühlung wird vor allen Dingen wegen des Geschwindigkeitsgewinns eingesetzt. Je Schaltkreis werden ca. 5000 Logikelemente für ein Selbsttestsystem eingesetzt. Alle 240 VHSI-Schaltkreise eines Zentralprozessors sind auf einer Platine mit 44 Layers untergebracht. Über 90000 durchkontaktierte Bohrungen wird das Verbindungssystem realisiert. Folglich sind im Computerschrank fast keine Kabel zu sehen. Für einen Prozessor werden nur noch 1600 W benötigt.
Eine hohe Übertragungsgeschwindigkeit zwischen Prozessor und Hauptspeicher (75 GBit/s) sichert eine kontinuierliche Datenversorgung der CPU. Alle Systemkomponenten, wie Betriebssystem, Netzwerk, Compiler und Anwendungssoftware, orientieren sich an der Hauptforderung nach einer einfachen Nutzung des Supercomputers. Es existieren Softwarekomponenten zur Kommunikation mit allen größeren Betriebssystemen von CDC oder anderer Produzenten. Für die ETA 10 selbst wird ein UNIX-kompatibles Betriebssystem angeboten. Konzepte zur Vernetzung der Supercomputer wurden vorgestellt.
Andere, ebenfalls leistungsfähige Computer wurden von Tandem, Tolerant Systems, NCR u. a. ausgestellt. Sie erreichen jedoch alle nicht diesen Durchsatz und sind vornehmlich an Einsatzfällen orientiert, bei denen es um eine hohe Systemzuverlässigkeit geht. Faktisch ausnahmslos handelt es sich dabei um Multiprozessorkonzepte.
Die nun schon „klassisch" zu nennenden EDVA waren faktisch nicht ausgestellt. Sie existieren in „irgendwelchen" Rechenzentren, ihre Ressourcen werden über Kommunikationsnetze verfügbar gemacht. Lediglich für bestimmte Einsatzgebiete, vornehmlich mit Anforderungen an erhöhte Systemverfügbarkeit, werden bestimmte Systeme konzipiert und realisiert. Andererseits gibt es Implementierungen neuer Konzepte, vor allem verschiedene RISC-Architekturen.
Es ist aber anzumerken, daß diese Klasse der EDVA zunehmend mehr bedrängt wird, von „oben" durch die Entwicklungstendenzen bei Supercomputern und von „unten" durch ständig steigende Leistungsmerkmale bei Workstations und Personalcomputern.
Bei den Minis dominieren die VAX-Systeme der Firma DEC bzw. vergleichbare Computer. Damit wird ein breites Spektrum von Leistungsmerkmalen überdeckt. Durch „Verclusterung" können außerordentlich leistungsstarke Komplexe konfiguriert werden. Die MicroVAX-Systeme werden in unterschiedlichen Formen für das Büro, die Werkhalle oder das Labor gefertigt.
Bei Workstations und Personalcomputern existiert ein außerordentlich breites Angebot. Hunderte von Firmen offerieren PCs entsprechend dem IBM PC. In den letzten Jahren hat sich jeweils ein leistungsstärkerer Typ der INTEL-8086-Familie als Schwerpunkt gezeigt. In diesem Jahr ist es die 80386-CPU, die in vielen Modellen eingesetzt ist. Ebenfalls weit verbreitet ist die 80286-CPU. Seltener ist schon der einfache 16-Bit-Prozessor, faktisch nicht mehr anzutreffen ist eine 8-Bit-CPU in den PCs. Bei den Prozessoren dominiert deutlich die INTEL-Familie, gefolgt von den 16/32-Bit-Prozessoren von Motorola. Andere sind fast nicht anzutreffen. Des weiteren sind ein hochauflösender farbiger Bildschirm, ein Hauptspeicher mit ein und mehr MByte Kapazität und ein Massenspeicher (Harddisc) mit einigen 10 MByte Ausrüstungsstandard. Ein breites Sortiment von Ergänzungshardware (Speichererweiterungen, Kommunikationscontroller, Grafikcontroller etc.) ermöglichen nahezu unbegrenzte Einsatzfälle.
Die im Bericht über die CeBIT '87 bereits angedeutete Tendenz bei den peripheren Geräten hat sich weiter ausgeprägt. Deshalb nur einige kurze Bemerkungen.
Obwohl natürlich noch Typenraddrucker auf dem Markt sind, dominieren bei den Zeilendruckern die Nadeldrucker. Ausführungen mit 9 und vor allem 24 Nadeln sind weit verbreitet. Daß damit noch nicht das Ende erreicht wurde, demonstrierte EPSON mit einem Matrix-Drucker mit 48 Nadeln und max. 300 Z/s (siehe MP 6/88). Die damit erreichbare Schönschrift sowie die realisierte Druckgeschwindigkeit verdrängen die Typenraddrucker immer weiter. Tintenstrahldrucker mit bis zu 24 Düsen im Druckkopf, auch in Ausführungen für mehrfarbigen Druck, werden ebenfalls angeboten. Darüber hinaus etabliert sich der Laserdrucker immer mehr in diesem Bereich. Systeme mit Leistungen bis zu über 100 Seiten/min für den Massendruck, Laserdrukker mit ca. 25 Seiten/min für Anwendungen mit mittleren Anforderungen oder kleinere Modelle als Auftisch-Geräte mit 6 bis 10 Seiten/min für den Arbeitsplatzcomputer sind im Angebot. Weitere Leistungsmerkmale sind Druckgeschwindigkeit, Geräuschpegel und natürlich der Preis. Dies alles berechtigt die Aussage, daß Mosaik- und Laserdrucker in diesem Bereich dominieren werden.
Bei den Massenspeichern dominieren natürlich die mit wahlfreiem Zugriff. Nach wie vor weit verbreitet sind Floppy-Disk-Laufwerke im 5,25"-Format (slime-line-Ausführung) mit Kapazitäten bis 1,6 MByte. Erste Ausführungen von Laufwerken mit Senkrecht-Aufzeichnung bieten 4 MByte Kapazität. Des weiteren existieren natürlich Laufwerke im 3,5"-Format von mehreren Herstellern. Auch hier das Fassungsvermögen bis ca. 2 MByte. Weit verbreitet, nicht zuletzt wegen des günstigen Preis/Leistungsverhältnisses, sind Winchester-Laufwerke mit einigen 10 bis ca. 400 MByte Kapazität im 3,5"-, 5,25"-, 8"- und 9"-Format (zum Teil direkt auf der Leiterkarte bei den kleineren Formaten). Darüber hinaus gibt es Laufwerke mit größeren Kapazitäten, beispielsweise bis über 1 GByte bei 9"-Laufwerken. Angekündigt wurden 3,5"-Winchester-Laufwerke mit bis zu 200 MByte. Magnetband-Streamer mit bis zu 100 MByte Fassungsvermögen bieten Möglichkeiten zur Datensicherung bzw. -archivierung.
Es sind auch Massenspeicher mit Kapazitäten von einigen 10 bis über 100 GByte für große Informationssysteme auf optischer Basis (CD-ROM bzw. WORM (write once, read many)) im Angebot. Weitgehende Einsatzmöglichkeiten werden diese Speicher sicherlich erst finden, wenn das Problem des Mehrfachbeschreibens gelöst ist; eine Aufgabenstellung, an der intensiv gearbeitet wird.
Nachfolgend einige Bemerkungen zu Displays. Hochauflösende Bildschirme sind für Einsatzfälle des CAD oder auch des Desktop Publishing unverzichtbar. Damit werden unmittelbar Einsatzgruppen und Akzeptanzfragen derartiger Systeme entschieden. Das gilt sowohl für farbige Displays als auch für Ausführungen für Schwarz-auf-Weiß-Darstellungen. So bietet der hochauflösende Farbmonitor 7351 von Conrac Elektron mit einer 19"-Bildröhre eine Auflösung von 1280×1024 Pixel. Eine Zeilenfrequenz von 65 kHz bei max. 80 Vollbildern je Sekunde sichert ein flimmerfreies Bild. Dieses Modell hat eine Bandbreite von 110 MHz. Damit wird höchsten Anforderungen aus den Bereichen des CAD/CAM Rechnung getragen. Neben der „klassischen" Ausführungsform als CRT-Display gibt es viele Displays mit LCD-, LED- oder Plasma-Schirmen. Zweckmäßig für Bildschirm-Darstellungen in größeren Räumen sind flache Aufsätze eines Plasma-Displays für einen Overhead-Projektor, so daß PC-Ausgaben direkt auf die Leinwand projiziert werden können.

Modelle des Supercomputersystems ETA 10

ETA–10 Modell	P	Q	E	G
Taktzeiten (ns)	24	19	10,5	7
Prozessoren	1–2	1–2	1–4	2–8
lok. HS (MByte)	32–64	32–64	32–128	32–256
globaler HS (MByte)	64–512	64–512	256–1024	512–2048
Leistung (MFLOPS)	750	946	3.420	10.280
Kühlung	Luft	Luft	flüssiger Stickstoff	

Software

Im Bereich der Workstations bzw. PCs dominieren nach wie vor UNIX (einschließlich Derivate) und das MS-DOS. Hierfür gibt es eine unübersehbare Menge von Anwender-Software. Eine gewisse Verbreitung hat das Windows 386 für die leistungsstarken PCs mit der 80386-CPU gefunden. Das OS/2 für die neue PC-Generation war erwähnt, jedoch gibt es dafür gegenwärtig noch nahezu keine Anwender-Software. Es ist damit zu rechnen, daß in kurzer Zeit die Lage völlig anders ist.
Auf die unübersehbare Vielfalt der Anwendersoftware kann hier nicht eingegangen werden. Es ist davon auszugehen, daß für alle denkbaren Einsatzgebiete im Bereich der großen Unternehmen, der mittelständischen Industrie, der Handwerksbetriebe und der Privatsphäre Software-Systeme zur Rationalisierung der informationellen Prozesse existieren.
Anwendersoftware war ein ausgesprochener Schwerpunkt der CeBIT '88. Über 100 neue Anbieter zu diesem Komplex sind Beweis dieser Einschätzung.
Neben diesen Anwendersystemen existieren vielfältige Software-Werkzeuge zur rationellen Entwicklung und Fertigung von Softwaresystemen. Diese technologischen Mittel zur Softwareproduktion gewinnen bei der sich immer deutlicher ausprägenden Anwendung der Computer einen ständig steigenden Wert.

Kommunikationstechnik

Der zweite Schwerpunkt der Messe, die Kommunikationstechnik, soll hier nur kurz vorgestellt werden.
Der Versuchsbetrieb erster ISDN-Teilnetze in der BRD und das weitere Vorankommen der internationalen Standardisierungsbestrebungen spiegelten sich bei der CeBIT '88 durch vielfältige ISDN-Präsentationen wider. Das Konzept der Bundespost sieht 1988 erste ISDN-Telefoniedienste in einigen Ballungsräumen vor. Dann sollen noch in diesem Jahr Teletex/Telex und später Telefax, Btx, Datex und Funkruf dazukommen. Dies sind für die nachrichtentechnische Industrie ohne Zweifel günstige Bedingungen, obwohl sicherlich die großen Zahlen für Anschlußeinheiten, die dann auch die Wirtschaftlichkeit (insbesondere der Rückfluß für die außerordentlich hohen F/E-Aufwendungen) gewährleisten, noch auf sich warten lassen.
Bei den Vermittlungssystemen dominieren vor allem die Angebote von Siemens und SEL (Alcatel) zum Aufbau von Orts-, Fern- und Nebenstellenzentralen. Auch in diesem Jahr war wieder deutlich der Trend zu registrieren, daß, vor allem im Nebenstellenbereich, Firmen der Computerbranche Vermittlungstechnik anbieten (IBM, Nixdorf).
Die für den Aufbau der Übertragungstrassen notwendigen Leitungstrakte, auch für die hochkanaligen Systeme, sind auf der Basis Koaxial- und vor allem Lichtwellenleiter und über Dezimeterstrecken vorhanden. Dazu kommen noch die Breitband-Kommunikationsanlagen in der neuen 450-MHz-Technik. Damit kann die bisherige Übertragungskapazität beträchtlich gesteigert werden, so daß nunmehr 35 TV-, 30 analoge und 16 digitale Hörfunk-Kanäle zum Teilnehmer geführt werden können. Dazu gehören natürlich noch technische Systeme zum Betrieb und zur Überwachung dieser Übertragungseinrichtungen.
Für den praktischen Einsatz der Lichtwellenleitertechnik ist eine zuverlässige und montagefreundliche Verbindungstechnik geschaffen worden. Dämpfungsarme Spleiß-Verbindungen, sichere Steckverbinder (Prinzip der Linsenkopplung), Muffen und Verzweiger sowie eine zugehörige Meßtechnik sind nunmehr von mehreren Anbietern verfügbar.
Die ISDN-Grundphilosophie der Diensteintegration findet natürlich auch in den Endgeräten ihren Niederschlag. Das multifunktionale Endgerät mit Bildschirm, Tastatur und Handapparat ist dabei die Basis. Es wurde ein breites Spektrum von Fernsprechapparaten, von Faksimilegeräten und Einrichtungen für den Mobilfunk gezeigt. Bei einigen Ausstellern waren Bildtelefonsysteme für den 64-KBit/s-Kanal des ISDN zu sehen. Diese extreme Datenreduktion, die dabei notwendig ist, ist vor allen Dingen bei bewegten Objekten zu sehen. Ob das eine echte Alternative zu den Breitband-Diensten des B-ISDN sein wird, scheint zweifelhaft.

Wie stark das Bedürfnis ist, PC-Technik mit ISDN zu verbinden, zeigt eine ISDN-Adapterkarte für IBM-kompatible PCs. Sie verfügt über eine S0- und eine UP0-Schnittstelle und gewährleistet die simultane Übertragung von 2 B- (2×64 KBit/s) und einem D-Kanal (16 KBit/s). ISDNCard unterstützt neben einem Komfort-Telefon ISDN-Btx, ISDN-teletex, ISDN-Telefax und ISDN-Textfax. Weitere Unterstützungen (z. B. Voicebox) sind vorgesehen.
Im Bereich der lokalen Kommunikation ergänzen sich (ISDN-fähige) Nebenstellenanlagen, die neben Telefonie vielfältige weitere Dienste der Text- und Datenkommunikation anbieten, und LAN in interessanter Weise. Natürlich sind beide Konzepte in ihren Leistungsmerkmalen nicht deckungsgleich, jedoch im Bereich der Text- und Datenkommunikation verschwinden die Unterschiede. Das Angebotsspektrum unterschied sich nicht wesentlich vom Vorjahr.

Abschließend einige Trendeinschätzungen und Schlußfolgerungen, die vornehmlich für den Bereich des Hochschulwesens gelten:
– Die Entwicklung im Bereich der Supercomputer ermöglicht vor allem in der Grundlagenforschung das Angehen völlig neuartiger Aufgabenklassen. Deren Lösung verspricht nicht nur Erkenntnisgewinn schlechthin, sondern schafft wissenschaftlichen Vorlauf für eine leistungsstarke Volkswirtschaft der nächsten Jahrzehnte. Die Aussage, die auch in den Ausrüstungskonzeptionen des Ministeriums für Hoch- und Fachschulwesen der DDR zur Rechentechnik an den Universitäten und Hochschulen ihren Niederschlag gefunden hat, kann nur immer wieder hervorgehoben werden.
– Die Dezentralisierung der Computertechnik schreitet auch bei den „Großen" immer weiter voran. Die Leistungsmerkmale im Bereich der PC und der Workstations einerseits und die Preisentwicklung, auch im Bereich der Supercomputer, andererseits lassen daran keinen Zweifel mehr. Dies sollte Anlaß sein, die Aufgaben und Stellung der Rechenzentren an den Universitäten und Hochschulen neu zu durchdenken und dieser Entwicklung anzupassen.
– Die Anwendung der Computertechnik in allen Bereichen erfordert einen angemessenen Bildungsvorlauf. Die Maßnahmen zur Ausgestaltung der Informatik-Ausbildung im Hochschulwesen entsprechen dieser Entwicklung. Stärker als bisher sind die Anwendungsaspekte und das Erfordernis der Analyse der durch Computereinsatz zu automatisierenden Prozesse zu betonen.
– Das Angebot an Publikationen zur Informatik und der Anwendung der Computer ist in der DDR nach wie vor unzureichend. Das betrifft sowohl den Buch- als auch den Zeitschriftenmarkt.
– Die Forschungsaufgaben zur Kommunikations- und Computertechnik an den Universitäten und Hochschulen erfordern einen ständig steigenden materiell-technischen Aufwand. Besonders deutlich und hemmend zugleich zeigt sich das bei Leiterkartenentwurf und -fertigung. Praktische Aufbauten mit VLSI-Schaltkreisen erfordern zwingend Mehrebenenleiterkarten mit durchkontaktierten Verbindungen und eine angemessene Meß-, Registrier- und Darstellungstechnik (z. B. Logikanalysatoren). Die notwendigen Investitionen können ohne Zweifel nur noch im Zusammenhang mit einer sinnvollen Konzentration erbracht werden.

Prof. Dr. sc. techn. Neubert

Hannover-Messe Industrie 1988

Auf der Hannover-Messe Industrie 1988 (19.–26. April 1988) waren 5800 Aussteller aus 43 Ländern vertreten. Insgesamt wurden etwa eine halbe Million Besucher gezählt.
Die Palette der gezeigten Exponate reichte von Mikroelektronik-Bauelementen über Rechnersysteme und Automatisierungsanlagen bis hin zur Weltraumtechnik.
Breiten Raum nahm die Vorstellung neuer Technologien und der damit zusammenhängende Lizenzhandel (Know-how-Transfer) ein. Beherrschendes Thema eigentlich auf fast allen Gebieten war der Siegeszug der Mikroelektronik in Dimensionen, wie sie dem sonst wohl immer auf einem speziellen Fachgebiet tätigen Besucher bei solchen Gelegenheiten besonders deutlich werden.
Für das Fachgebiet der Mikroelektronik und Mikroprozessortechnik sind die folgenden, jeweils zu Themengruppen zusammengefaßten Sonderschauen besonders erwähnenswert:

- MICROTRONIC – Bausteine der Elektronik
- INTERMATIC – Fertigungsnahe Computertechniken
- ICA – Internationales Zentrum für Anlagenbau
- Innovationsmarkt Forschung und Technologie

Die DDR war in Hannover 1988 in vielfältiger Weise präsent. Zum neunundzwanzigsten Mal zeigte eine Reihe von Kombinaten und Außenhandelsbetrieben aus der DDR ihr gestiegenes Leistungsvermögen. Die Bedeutung, die dem Auftreten der DDR auf diesem Welthandelsplatz beizumessen ist, wurde nachdrücklich durch den Besuch wichtiger Regierungsdelegationen aus der DDR unterstrichen.
Auf zwei besonders wichtige Schwerpunkte des Ausstellungsgeschehens in Hannover – ASICs und MAP – soll hier näher eingegangen werden.
Auf der MICROTRONIC-Sonderschau versuchten die Hersteller von

***Bild 1** Von der Firma Intel wurde erstmals das System 302, ein auf dem AT-Bus basierender 25-MHz-80386-Personal-Computer, vorgestellt. Er ist weltweit mit 25 MHz einer der schnellsten 80386-PC und setzt damit in verschiedener Hinsicht neue Maßstäbe (das Bild zeigt das Motherboard).*
Die Zielmärkte des Systems 302 sind zeitkritische Anwendungen wie Echtzeitprozeßkontrolle, Simulation, Computer Aided Design und der Bankenbereich – alles Anwendungen, bei denen primär hohe Verarbeitungsgeschwindigkeit und große Speicherkapazität die Hauptanforderungen sind.

Bauelementen, Baugruppen und Systemen der modernen Elektronik zu vermitteln, wie die Schlüsseltechnologie Mikroelektronik zur zentralen Bedeutung für viele Anwender wird. Es wurde dabei insbesondere versucht, zu zeigen, welche Applikationshilfen dem Anwender zur Verfügung stehen, um seine Produkte auf den neuesten Stand mikroelektronischer Leistungsfähigkeit zu bringen.
Wichtige Schwerpunkte waren die drei Themenkomplexe unter dem Motto

- Vom Bauelement zur Systemintegration
- Technologiefortschritt schafft neue Strukturen
- Elextronic Design Automation – Schlüssel zur Systemintegration

mit praktischen Beispielen aus allen Bereichen der Elektroindustrie, von der Meß-, Steuer-, Regeltechnik bis hin zur Preßautomation.
Eine besonders wichtigen Schwerpunkt des Angebotes bildeten die anwendungs- und kontinuierten Schaltungen, die ASICs (Applications Specific Integrated Circuits).
Ihnen stehen die Standardschaltungen gegenüber, die einheitlich gefertigt werden. Standardschaltungen sind neben den TTL/ECL/CMOS-Standardbauelementreihen vor allem die Speicher, Mikroprozessoren und Microcontroller, Operationsverstärker, Signalwandler von analog zu digital und umgekehrt usw.
Während die Standardschaltungen im kapitalistischen Wirtschaftsgebiet nahezu ausschließlich von Japan (54 %) und den USA (44 %) gefertigt werden, stammt jede vierte nichtstandardisierte (ASIC-) Schaltung aus Westeuropa (26 %). Die Marktbedeutung der ASICs nimmt ständig zu.
In den verbleibenden zwölf Jahren bis zum Ende dieses Jahrhunderts wird sich nach Schätzungen in der BRD der ASIC-Verbrauch mindestens versiebenfachen.
Das Verhältnis von Standard zu Nichtstandard auf dem IC-Gebiet wird sich bis dahin, von jetzt noch zwei zu eins, auf eins zu eins zugunsten der ASICs gewandelt haben.
Das überproportionale Wachstum der ASIC-Schaltungen ist das äußere Zeichen ihrer Leistungsfähigkeit – maßgeschneidert für eine spezielle Aufgabe im Gerät oder in der Anlage zu sein.

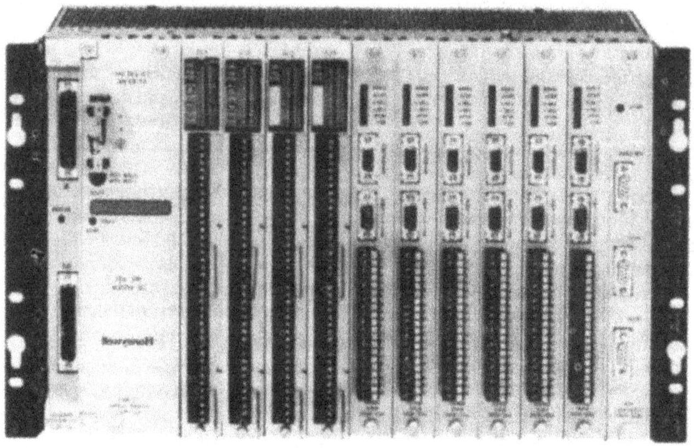

***Bild 3** Von Honywell wurde das vielfältig konfigurierbare Industrieautomatisierungssystem IPC 620/622 auf der Basis des Mikroprozessors M 68008 mit einem tragbaren Programmiergerät (MS-DOS) gezeigt.*

Die Leistungsfähigkeit der ASICs und ihre Anwendungsmöglichkeiten zu vermitteln, war ein besonderes Anliegen der Hannover-Messe.
Die Integration der Computertechnik in die hochinnovative Automatisierungstechnik der Industrie war kein punktuelles Thema einiger Spezialisten, sondern ein übergreifendes Leistungsverbot vieler Aussteller.
Konzentrationspunkt war die Teilfachmesse INTERMATIC, in der 200 Aussteller (u. a. auch aus der DDR) CIM-Konzepte praxisnah darzustellen versuchten (CIM – Computer Integrated Manufacturing).
Im Brennpunkt dieser Präsentation stand ein Leitzentrum „CIM – Fabrik mit Zukunft".
Hier führten einige Unternehmen vor, wie auf der Basis von Standards und definierten Schnittstellen zukunftsorientierte computergestützte und -integrierte Systeme schon heute mit vorhandenen Anlagen und Strukturen realisiert werden können. Ihre unterschiedlichen Computersysteme, Produktionsstationen, Maschinensteuerungen und Kommunikationsrechner waren alternativ oder in Kombination über ein Breitband-Netzwerk bzw. ein Lichtwellenleiter-Netzwerk miteinander verbunden.
Darüber hinaus unterstrichen alle Teilnehmerfirmen ihre Bereitschaft zu offenen Systemen, genormten Schnittstellen und Standards.
Detailliert wurden mehrere praxisnahe Bereiche der Produktionsautomatisierung vorgestellt.
Besonderes Interesse fanden offene, herstellerübergreifende Kommunikationslösungen als Basis für integrierte Lösungen im Fertigungsbereich.
Das „Manufacturing Automation Protocol" (MAP) will international hier eine Normierung festlegen.
Dadurch soll eine der Grundlagen für CIM geschaffen und die notwendige Sicherheit im Automatisierungsbereich hergestellt werden.
Ein wichtiges Kennzeichen von MAP war, daß Anwender und Hersteller in gemeinsamen Anstrengungen über Firmengrenzen hinweg genormte Lösungsansätze spezifizierten. Gerade die Forderung der Anwender nach genormten Kommunikationsprodukten muß als besonders wichtig angesehen werden. MAP soll eine Antwort sein auf die schwierigen Kommunikationsbeziehungen verschiedener Automatisierungssysteme wie Werkzeugmaschinen, Roboter, Computer und speicherprogrammierbare Steuerungen. MAP spezifiziert, wie die Kommunikationsanforderungen in der Fertigungsautomatisierung ohne herstellerspezifische Einschränkungen bewältigt werden können. Dabei muß die durch MAP festgelegte Kommunikationsarchitektur allgemeinen Anforderungen genügen, das heißt, alle typisch auftretenden Anforderungen weitestmöglich abdecken und dabei innerhalb der genormten Architektur heutige und künftige Strukturen berücksichtigen, ohne technische Weiterentwicklung zu behindern.
Die heute aktuelle Version von MAP ist die Version 2.1. Auf dieser Basis gibt es Produkte einiger weniger Hersteller. In den Normungsgremien wird zur Zeit an der nächsten Version MAP 3.0 gearbeitet; sie soll für die nächsten sechs Jahre stabil bleiben.
Die Firma ALLEN-BRADLEY demonstrierte in Hannover zum ersten Mal das „MAP-3.0-Starter-Paket". Im Rahmen der universellen Kommunikation unterschiedlicher Hersteller, die über das Netz Daten austauschen, wurde dabei ein MAP-3.0-Produkt vorgestellt, das der im Juni 1988 verabschiedeten MAP-3.0-Version entsprechen soll.
Das „MAP-3.0-Starter-Paket" wurde als Subnetzwerk zur Breitband-Kommunikation installiert und lauffähig mit einer speicherprogrammierbaren Steuerung PLC-3 gezeigt. Die PLC-3-MAP-Schnittstelle paßt dabei in einen freien Steckplatz der PLC-3 und erlaubt unterschiedlichen Datenaustausch: Lesen eines speziellen Files von einer anderen Station, Empfangen von Prozessorzustandsänderungen, Austausch von kompletten Programmen und Diagnosen über angeschlossene Stationen.

Dr. Ludwig Claßen

256-KByte-RAM-Erweiterung

Das Kombinat PRÄCITRONIC Dresden beabsichtigt, im Rahmen seiner Konsumgüterproduktion eine Leiterplatte (zweiseitig) zur 256-KByte-RAM-Erweiterung (entsprechend der Veröffentlichung in der Zeitschrift Mikroprozessortechnik 3/88) zu produzieren.
Interessenten richten bitte ihre Anfragen an:
VE Kombinat PRÄCITRONIC Dresden Stammbetrieb, Abt. KM, Fetscherstr. 72, Dresden, 8016

In eigener Sache

Für eine weitere Redakteurstelle in unserer Zeitschrift suchen wir einen geeigneten Mitarbeiter bzw. eine Mitarbeiterin mit abgeschlossenem Hoch- oder Fachschulstudium und guten Kenntnissen der Computertechnik.
Zu den Aufgaben gehören unter anderem das redaktionelle und fachliche Bearbeiten von Manuskripten, der Besuch und die Auswertung von Fachtagungen, -messen und -ausstellungen, die Zusammenarbeit mit Autoren und Gutachtern sowie ggf. das Testen und Beurteilen von Programmen, die der Redaktion zur Veröffentlichung eingereicht werden.
Falls Sie Interesse an dieser Tätigkeit haben und im Raum Berlin wohnen, schreiben Sie uns oder rufen Sie uns unter Tel. 2 87 03 71 oder 2 87 02 03 an.

Das Schulungszentrum des Büromaschinenwerkes

Sömmerda führt Softwareschulungen 1988 und 1989 durch für:
- Betriebssystem DCP 3.2 (1 Woche)
- REDABAS (2 Wochen)
- T-PASCAL (3 Wochen)
- MULTICALC (1 Woche)

Anfragen sind zu richten an:
VEB Robotron Büromaschinenwerk „Ernst Thälmann" Sömmerda, Abt. Schulungszentrum, Weißenseer Str. 52, Sömmerda, 5230; Tel.: 4 25 85

Krauße

TERMINE

33. Internationales Wissenschaftliches Kolloquium
WER? Technische Hochschule Ilmenau
WANN? 24. bis 28. Oktober 1988
WO? Technische Hochschule Ilmenau
WAS? Reihe B: technische und angewandte Informatik/Computertechnik
WIE? Teilnahmewünsche an TH Ilmenau, 33. IWK, PF 327, Ilmenau, 6300; Tel. 7 48 46

Prof. Dr. Dr. Roth

Kleines Lexikon der Speichertechnik

Von H. Völz, VEB Verlag Technik, Berlin 1987, 68 Seiten, 48 Bilder, 4,80 M

Dieses kleine Lexikon beginnt mit einführenden Hinweisen und konzentriert sich stark auf die gebräuchlichen Termini der magnetomotorischen Speichertechnik.
Mit Sorgfalt wurden ca. 500 Fachtermini aus dem Problemkreis der Speichertechnik ausgewählt, wobei 209 Fachtermini (Ober- und Sammelbegriffe) mit ausführlichen Texten versehen sind und die restlichen als Verweistermini auftreten.
Der Text zu den Ober- bzw. Sammelbegriffen beginnt stets mit einer knappen Erläuterung (Definition) des Begriffes selbst. Daran schließen sich weiterführende Erläuterungen an, die teilweise sehr detailliert sind (insbesondere die Begriffe der magnetomotorischen Speichertechnik betreffend). Das Verständnis der angegebenen Erläuterungen wird durch eine große Anzahl von Bildern, Schaltungsstrukturen, Diagrammen und Tabellen stark gefördert. Die Begriffe sind gut ausgewählt und systematisch beschrieben. Trotzdem bleiben dabei natürlich auch Wünsche offen. Das sind insbesondere Begriffe, den Problemkreis der Halbleiterspeichertechnik betreffend, bei dem der Autor bewußt Lücken in Kauf genommen und auf entsprechende Literatur verwiesen hat.
Beispielsweise erscheint bei dem Begriff *Cache* der Verweis auf den Begriff *Seitenadressierung* als eine etwas zu einseitige Betrachtung. Das gleiche gilt auch z. B. für den Begriff *Datenblock,* der nur im Zusammenhang mit dem Magnetband erläutert wurde. Die Aussage, daß Halbleiterspeicher in Rechnern meist als Arbeitsspeicher genutzt werden, ist eventuell auch etwas zu eng gefaßt. Wünschenswert wäre ebenfalls, wenn bei allen Verweisstichworten, die eine Abkürzung darstellen (z. B. BBD, CAS, CE, ..., DMS, ds, ..., LIFD, ..., ZDMS, ZMD), die entsprechende Bezeichnung konsequent ausgeschrieben wäre. Entsprechende Beispiele lassen sich im Lexikon ebenfalls zahlreich finden (z. B. DAT, DM, ..., ECC usw.).
Die Handhabung des Lexikons wird durch die übersichtliche Darstellung und den Fettdruck der Stichworte gut unterstützt. Es ist für viele Leser von Interesse, sowohl für Studierende an Hoch- und Fachschulen als auch für Praktiker. Dieses Lexikon bietet die Möglichkeit, Grundwissen bezogen auf die Speichertechnik wesentlich zu erweitern (magnetomotorische Speicher), aufzufrischen bzw. zu ergänzen. Es kann dem Leser als gutes und fachkundiges Nachschlagewerk sehr empfohlen werden.
Eine Erweiterung auf 80 Seiten in Verbindung mit einer Neuauflage ist zu wünschen (Speicheradressierungen, Speicherverwaltung, objektorientierte Speicherung).

Dr. Veronika Sauer

Fertigung, Prüfung und Montage von Automatisierungsanlagen mit Mikrorechnern

von G. Venus und H. Beucher
Schriftenreihe „Automatisierungstechnik“, Heft 18, Betriebssektion der KDT und Bereich Technologie des VEB Geräte- und Regler-Werke „Wilhelm Pieck“ Teltow, 1987, 60 S., 13 Abb., broschiert 8,– M.

Anhand des mikrorechnergestützten Prozeßleitsystems audatec, das vom VEB GRW „Wilhelm Pieck“ Teltow für die Automatisierung der verschiedensten verfahrenstechnischen Anwendungsfälle geschaffen wurde, gehen die Autoren der Broschüre auf die Schwerpunkte der Fertigung, Montage und Inbetriebnahme von bestimmten audatec-Komponenten ein.
Im Rahmen der technologischen Konzeption der stationären Fertigung werden eingehend der technologische Fertigungsumfang und -ablauf, die Fertigungsorganisation, die Gefäßfertigung und insbesondere die Prüfung von Baugruppen, Gefäßen und Anlagenteilen beschrieben. Die Montage von Automatisierungsanlagen, die den Fertigungsumfang und -ablauf sowie die Arbeitsvorschriften der Anlagenmontage umfassen, bilden den zweiten Schwerpunkt.
Maßnahmen der Inbetriebnahme von audatec-Automatisierungsanlagen sowie die Anforderungen an die Transport- und Lagertechnik werden kurz angedeutet. Es werden ausschließlich technische Gesichtspunkte des Produktionsprozesses von Automatisierungsanlagen dargestellt, wobei die Vernetzung mit vorbereitenden Prozessen wie Materialwirtschaft bzw. mit betrieblichen Planungs- und Abrechnungsprozessen vernachlässigt wird.
Anhand der Abbildungen werden die einzelnen Prozeßabschnitte der Fertigung, Prüfung und Montage von Automatisierungsanlagen mit Mikrorechnern anschaulich dargestellt.
Diese Veröffentlichung ist insbesondere für Technologen, Projektanten, Prüfingenieure und Inbetriebnahmepersonal in der Automatisierungstechnik als Arbeitsmittel besonders gut geeignet.
Die Broschüre ist über die Betriebssektion der Kammer der Technik oder über die Zentrale Informationsstelle Wissenschaft und Technik des VEB GRW „Wilhelm Pieck“ Teltow, Oderstr. 74/76, Teltow, 1530, zu beziehen.

Blackert

Schaltnetzteile

von J. Jacob, Militärverlag der DDR, Berlin 1987, 128 Seiten, 151 Bilder, 32 Tabellen, 6,– M

Moderne Stromversorgungseinrichtungen basieren auf dem Prinzip des Schaltspannungsreglers. Neben einem besseren Wirkungsgrad gegenüber konventionellen Netzteilen zeichnet sich das Schaltnetzteil auch noch durch geringeren Materialeinsatz aus. Dieser Vorteil wird zwar durch eine komplizierte Schaltungstechnik erkauft, da aber die Ansteuerschaltungen des Schaltreglers als Schaltkreis realisiert werden, spielt der Schaltungsaufwand heute keine Rolle mehr. So werden Schaltnetzteile in der Elektronik zunehmend eingesetzt. Zum anderen wendet sich auch der Amateur immer häufiger dem Entwurf und Aufbau einer derartigen Stromversorgungstechnik zu.
Es ist also notwendig, die Wirkprinzipien des Schaltnetzteils zu kennen. Der vorliegende Band will den interessierten Leser sowohl theoretisch als auch praxisnah und experimentell an die Problematik heranführen.
Über die physikalischen Grundlagen, Auswahl- und Einsatzkriterien der wichtigsten Bauelemente, Funkentstörung und sehr ausführlich diskutierte Dimensionierungsbeispiele wird der Leser schließlich zu zwei einfachen, im Schaltungsaufbau übersichtlichen und einem anspruchsvolleren Applikationsbeispiel geführt.
Ein kurzer, aber durchaus notwendiger Abschnitt vermittelt Aussagen zum internationalen Stand und zu etwaigen Tendenzen. Da das Buch versucht, möglichst umfassend über die wichtigsten Bauelemente zu informieren, schließt sich auch ein zwar kleiner, aber dem Charakter des Buches zuträglicher Tabellenanhang an. Dem aufmerksamen Leser vermitteln schließlich die Literaturangaben, daß es weitere allerdings meist schwer zugängliche Literatur gibt.
Damit ist das vorliegende Buch für alle an dieser Technik Interessierten ein echtes Hilfsmittel.

Dr. I. Schreiber

Mikrocomputergrafik

(Mikrokomputernaâ grafika)
von D. Hearn und M. Baker, in russischer Sprache, Übersetzung aus dem Englischen, Verlag Mir Moskau 1987, 352 Seiten mit Bildern, Kunstleder 10,– M

Die grafische Darstellung spielt bei der Anwendung moderner Rechner eine entscheidende Rolle, denn sie gestaltet den Dialog Mensch-Maschine anschaulicher.
Das Buch ist in fünf Kapitel mit folgendem Inhalt gegliedert: 1. Einleitung über Computergrafik; 2. Grundlagen der Computergrafik; 3. Grafische Methoden mittleren Schwierigkeitsgrades, wie z. B. Vergrößern, Verkleinern, Drehen, bewegte Bilder und Fenstertechnik; 4. Dreidimensionale Darstellungen ; 5. Anwendung von Computergrafiken, wie Leitung und Planung, Lehrmethoden, Budgetplanung, Spiele.
Die Programme sind in BASIC angegeben, und von dem Computer wird Vollgrafik und Farbtüchtigkeit vorausgesetzt. Die Problematik wird nur vom Standpunkt der Software betrachtet. Zahlreiche Beispielprogramme und Aufgaben zur selbständigen Lösung bereichern den Inhalt. Zu den Aufgaben werden Lösungshilfen angeboten.
Das Buch ist auch farbig illustriert und umfaßt eine Vielzahl von Problemen aus allen Bereichen der Technik, Wissenschaft und der Unterhaltung. Die Programme können übernommen werden oder dienen der Anregung für Erweiterungen. Es wird daher ein breiter Leserkreis angesprochen, dem das Buch eine wertvolle Hilfe zur Lösung von Grafikaufgaben bietet.
Nicht hoch genug kann das Verdienst des Verlages eingeschätzt werden, das Buch übersetzt und herausgebracht zu haben.

Dr. H. Dobesch

Bejsik dlja PK IBM (BASIC für IBM-PC)

von H. Morrill, Übersetzung aus dem Englischen, 1. Auflage, Moskva: Finansy i statistika 1987, 207 Seiten, 5,50 M

Mit der zunehmenden Verbreitung von 16-Bit-Mikrorechnern in unserer Republik ist ein gesteigertes Interesse an Software für IBM-Computer und zu diesen kompatiblen Rechnern zu verzeichnen.
Das vom Moskauer Verlag „Finanzen und Statistik“ vorgelegte Buch versteht sich in erster Linie als Anleitung zum Erlernen von BASIC. Obwohl diese 1964 entstandene Sprache heute in der Rechnerarbeit als nicht ausreichend effizient eingeschätzt wird, dürfte ihr Nutzen vor allem für Einsteiger auf dem Gebiet der Rechentechnik unumstritten sein. Diesem Gedankengang folgen offenbar auch die Computerhersteller, indem sie selbst für ihre neuesten PC-Entwicklungen BASIC-Interpreter bzw. -Compiler anbieten.
Manches BASIC-Lehrbuch wird nicht nur zum Erlernen gerade dieser Programmiersprache gekauft, sondern gleichzeitig auch als populäre Literatur für Informatik-Anfänger genutzt. Ganz in diesem Sinne vermittelt „BASIC für IBM-PC“ auch Grundlagenkenntnisse über Informationsverarbeitung, den Aufbau eines Computers, über Zahlensysteme usw.
Das Buch umfaßt 14, in fünf Hauptteile gegliederte Kapitel. Neben der Vorstellung des BASIC-Sprachumfangs (der übrigens am Ende der Broschüre in tabellarischer Form nochmals mit Erläuterungen aufgelistet ist), werden auch spezielle Probleme der File-Arbeit behandelt. Die einzelnen Kapitel beinhalten jeweils Übungsaufgaben, deren Lösungen am Schluß des Buches vorgestellt werden. Die sowjetische Ausgabe enthält eine zusätzlich angefügte Liste mit Kommentaren zu Fehlerausschriften, eine chronologische Darstellung der Entwicklung der Sprache BASIC sowie eine Gegenüberstellung des Sprachumfanges der BASIC-Versionen verschiedener Rechner. Kritisch anzumerken sind die handschriftlich vorgenommenen Korrekturen einzelner der im Buch zahlreich verwendeten Rechnerausdrucke, bei denen offensichtlich stellenweise das Farbband abgenutzt war. Dies mindert jedoch nicht im geringsten den positiven Gesamteindruck dieses nützlichen, insbesondere für Hochschulstudenten, aber auch andere PC-Nutzer vorgesehenen Werkes.

G. Mau

Arithmetikprozessor unter DOS 3.20

Während der Arbeit mit TURBO-PASCAL-, C- und FORTRAN-Programmen unter DOS 3.20 kam es besonders an Stellen, an denen arithmetische Ausdrücke mit Unterstützung des Ko-Prozessors berechnet werden sollten, zu unkontrollierten Systemabstürzen. Nach intensiver Suche fand sich die Ursache in einem Betriebssystemfehler des DOS Version 3.20. Eine nicht korrekte Verwaltung des Arithmetikstackpointers führt hier schnell zu einem Overflow der 8 Stackebenen. Dieser Effekt wird auch durch die Literatur bestätigt.
Eine Änderung im DOS 3.20 behebt die Fehlerursache. Die geänderte Version wurde von uns auf verschiedenen IBM-kompatiblen Systemen mit 8087 erfolgreich getestet.

Karl-Marx-Universität Leipzig, Sektion Physik, Karl-Marx-Platz 10, Leipzig, 7010

Scheller

Hilfsprogramme

Zur Verbesserung der Programmierarbeit wurden von uns folgende nachnutzbare Hilfsprogrammme erarbeitet:

- Rollen Bildschirmbereich unter REDABAS
- Druck Bildschirminhalt (Hardcopy) unter REDABAS
- Lochbandverarbeitung (R300/ISO Code) unter REDABAS

Direkte Eingabe der Lochbanddaten in REDABAS oder Text-Datei.
Die Lochbandausgabe erfolgt über eine Stringvariable und kann beliebige Trenn- und Endezeichen enthalten.

- Bildgenerator für TOURBO-PASCAL

Es werden ganze Bildschirmbilder in Dateien gespeichert. Aufbau, Änderung, Druck und Kopie der Bilder erfolgen menügesteuert. Das Gestalten der Bildschirmbilder wird wesentlich erleichtert und erfolgt ohne Änderung im Anwenderprogramm. Für die Anzeige der Bilder in Anwenderprogrammen ist lediglich ein Procedure-Aufruf erforderlich.

VEB Mülana-W3, Abt. EDV, Kirchstraße 10–12, Ohrdruf, 5807, Tel. 22 01 App. 21

Schauer

Kopplung zwischen den Kalkulationsprogrammen der 8- und 16-Bit-Technik

Am Institut für sozialistische Wirtschaftsführung der Leichtindustrie an der Hochschule für Ökonomie „Bruno Leuschner" Berlin wurde ein Programm entwickelt, das die Übertragung von Tableaudateien aus den 8-Bit-Programmsystemen KP oder SuperCalc (*.CAL) in Tableaudateien des 16-Bit-Programmsystems TABCALC (*.TCT) und umgekehrt realisiert. Das Programm ist primär darauf ausgerichtet, Formelsysteme zwischen den Programmsystemen zu übertragen, kann aber auch zur reinen Datenübertragung genutzt werden.
Das menügesteuerte Programm läuft auf dem PC 1715 und dem A 7100 unter Steuerung des jeweiligen Betriebssystems SCP.

Hochschule für Ökonomie „Bruno Leuschner", Institut für sozialistische Wirtschaftsführung der Leichtindustrie, Forschungslabor, An der Schleuse 3–4, Woltersdorf, 1255

Prof. Dr. Richter

VIDEO-Steuergerät

Das Steuergerät ermöglicht den Anschluß handelsüblicher Fernsehgeräte als zusätzliche Monitore an Computern der Typen A 5120/A 5130, PC 1715, A 7100 für Schulungs- und Demonstrationszwecke. Dadurch können die Bildschirminformationen einer größeren Personenzahl zugänglich gemacht werden.
Es sind bis zu 7 Zusatzmonitore anschließbar. Die Stromversorgung des Steuergerätes erfolgt durch den jeweiligen Computer. Eine Variante für IBM-kompatible Technik ist in Vorbereitung.

ZBE Landbau Meißen, Bohnitzscher Straße 14, Meißen, 8250

Dr. Schiller/Körner

Betriebssystem CP/K 86 für AC A 7100

Das System CP/K 86 ist kompatibel zum System CP/M 86 und weitestgehend kompatibel zum SCP 1700.
In der vorliegenden Version 2.2 unterstützt das System zur Zeit:
– 2 Diskettenlaufwerke 80spurig, doppelseitig
– 1 Drucker mit Centronics-Interface.
Der Tastaturtreiber hat zwei Modi. Im Modus 0 werden die Escape-Folgen analog zu SCP 1700 realisiert. Im Modus 1 werden die Sondentasten umkodiert. Die Kursor-Tasten liefern dann die von 8-Bit-Rechnern gewohnten Zeichen. Die PF-Tasten sind mit Nutzerstrings belegbar.
Der Kaltstart erfogt von Disketten im Format 780 KByte. CP/K erkennt Disketten mit 148, 190, 200, 624, 780 und 800 KByte automatisch beim Login.
Zum System gehören:
– das Programm FORMAT (Initialisieren und physisches Kopieren von Disketten) mit deutscher Nutzerführung
– das Programm CPKKEY (zur Belegung der PF-Tasten mit Nutzerstrings)
– die Dokumentation CPK.DOC.

VEB Energiekombinat Berlin, Stammbetrieb, Direktionsbereich Investitionen und Anlagenbau, Littenstr. 109, Berlin, 1026

Honka

Prädikat- und Syntaxbeschreibung für TURBO-PROLOG

Zukünftig nehmen die Probleme der Wissensverarbeitung in Produktion, Entwicklung und Forschung einen immer breiteren Raum ein. An die Programmieung werden neue Anforderungen gestellt, die mit den konventionellen algorithmischen Sprachen nur tieleweise lösbar sind.
Der Personenkreis, der sich mit der Programmierung mittels KI-Sprachen wie PROLOG und LISP beschäftigt, nimmt zu und wird sich weiter vergrößern.
TURBO-PROLOG ist eine PROLOG-Version, die unter dem Betriebssystem MS-DOS läuft und für Einsteiger besonders geeignet ist. Der problemlose Wechsel von Editor, Compiler und Tracer wird durch Window-Technik unterstützt und erleichtert das Erlernen dieser neuen Programmierdenkweise.
Am CAD/CAM-Zentrum unserer Universität wurde eine Prädikat- und Syntaxbeschreibung erarbeitet, die ca. 30 Seiten umfaßt und als Diskettentextdatei vorliegt.
Die Standardprädikate sind übersichtlich systematisiert und durch ein einheitliches Beschreibungsschema dargestellt, das die Argumente, Fließmuster und Kurzbeschreibung beinhaltet. Eigene Testerfahrungen sind in die Beschreibung eingeflossen.

Technische Universität „Otto von Guericke", CAD/CAM-Zentrum, PSF 124, Magdeburg, 3010

Prof. Dr. Klaeger/Springer

BUS-SKR im Vertrieb

Seit Anfang 1988 wird die SKR-Version des Basisübungs-Systems (BUS) ausgeliefert. BUS-SKR ist aufwärtskompatibel zu den ESER-Versionen BUS-TSO sowie BUS-SVM und wird bereitgestellt für die Betriebssysteme MOOS 1600, OS/RW und MUTOS 1630
Die Nachnutzungskosten betragen je nach Umfang ca. 3 TM. Damit erweitern sich die Anwendungsmöglichkeiten dieser Basis-Teachware auf die Rechner K 1630, CM-4, CM-14, I-100 und CM-52.
Versionen für BC/PC, AC und ESER-PC befinden sich in Vorbereitung.

VEB Weiterbildungsakademie, Schulungszentrum, Am Rechenzentrum, Fürstenwalde, 1240

Schubert

Testmonitor für Kleincomputer

Von uns wurde ein residenter Testmonitor für die Bearbeitung von Maschinenprogrammen auf Z 9001, KC 85/1 und KC 87 entwickelt.
Er dient zum Testen und zur Fehlersuche oder Analyse von vorhandenen Maschinenprogrammen, ist aber auch für die Entwicklung von Maschinenprogrammen oder für Untersuchungen des Mikroprozessorsystems U880 geeignet.
Merkmale:
– Screeneditor zur rationellen Befehlseingabe
– virtueller Registersatz
– Step-Routine
– Abarbeitungsroutinen mit 1 Breakpoint
– Line-by-line-Assembler (ohne Marken)
– Disassembler
– Copy-Routine für simultanes Kopieren von Kassette zu Kassette (auch Programme, die mehrteilig, kopiergeschützt oder logisch nicht einladbar sind)
– komfortable Load- und Save Routine
– Routinen zur Speichermanipulation (Anzeigen, Verändern, Füllen und Verschieben von Speicherbereichen, Suchen nach Bytefolgen)
– Peripherie-Ein-und-Ausgabe-Routine.
Der Monitor existiert in 3 Versionen, jeweils für das Ende der RAM-Module (2400-3FFFH, 6400-7FFFH, A400-BFFFH).

Computerclub der Spezialschule „Heinrich Hertz", math.-naturwiss.-tech. Richtung, Frankfurter Allee 14 a, Berlin, 1035

Automatische Erstellung Inhaltsverzeichnis

Bei der Abfassung umfangreicher Dokumentationen mittels Textprozessor TP auf PC 1715 u. a. stellt sich die Anfertigung des Inhaltsverzeichnisses als notwendiger, jedoch lästiger Routineprozeß dar. Insbesondere dann, wenn aus redaktionellen Gründen eine Neuformatierung der Textabschnitte erfolgt bzw. das Einfügen von Textstellen die ehemalige Seitennumerierung verschiebt.
Besser ist es, sich jetzt der Zusatzkomponente IVZ, in TURBO-PASCAL geschrieben, zu bedienen.
Vorerst läßt man das Inhaltsverzeichnis bei der Texterfassung außer acht. Im nachhinein analysiert das Programm IVZ entsprechend dem Reglement zur Ausdeutung von Überschriften den Text und legt eine neue eigenständige Textdatei (Inhaltsverzeichnis) auf Diskette ab.
Diese ist dann mit üblichen TP-Kommandos in die Ausgangsdatei an die gewünschte Stelle einzumischen (μKR).
Zur Erkennung einer Notation (Abschnittsnumerierung) gelten:
– die allgemeinen Vorschriften lt. TGL 0-1421
– beliebige Steuerzeichen des TP werden ignoriert
– Abschnittsnummer muß am Anfang einer Zeile stehen
– die maximale Länge der Notation beträgt 16
– die höchste Abschnittsnummer kann 999 sein (in jeder Stufe).
Am Display ist während der Erstellung des Inhaltsverzeichnisses eine Statistik über Verlauf und Stand der Verarbeitung ersichtlich. So werden Überschriftszeilen angezeigt, der zu verarbeitende Text ist wahlweise protokollierbar, jeweils drei Zeilen im Rollmodus. Außerdem erfolgt die Kontrolle auf aufsteigende Gliederungspunkte (-stufen). Die den Überschriften genügenden Konventionen (was gilt als solche) sind ebenfalls abrufbar. Von den TP-Kommandos gelangt logischerweise nur das DOT-Kommando .PNn in die Verarbeitung zur Fortschreibung der Seiten-Nummer. Eine Dokumentation liegt als TP-Datei (3 Seiten) vor.

VEB Datenverarbeitungszentrum Cottbus, Wilhelm-Pieck-Str. 5, Cottbus, 7500; Tel. 59 23 11

Böhm

Zuwachs bei der PS/2-Familie

Die Lücke zwischen den 80286-Modellen 50 und 60 des PS/2 und dem 80386-Spitzenmodell 80 hat IBM mit der im Juni erfolgten Vorstellung des 80386-Modells 70 nunmehr geschlossen. Damit bestätigten sich Informationen, daß IBM der 80386-CPU gegenüber der 80286-CPU unter OS/2 und „Extended Edition" den Vorzug geben möchte. Das Modell 70 ist in einem kompakten Gehäuse als Auftischgerät untergebracht, so wie es Compaq und andere 80386-PC-Hersteller seit längerem praktizieren. Die äußere Form entspricht der des Modells 50. Es gibt Prozessorvarianten mit 16, 20 oder als Spitzenversion mit 25 MHz, womit die Geschwindigkeit des Konkurrenten Compaq 386/20 um bis zu 25 Prozent übertroffen werden soll. Allerdings konterte Compaq bereits drei Wochen später mit der Vorstellung seines 25-MHz-PC Deskpro 386/25.
Die PS/2-Reihe wurde weiterhin um das Modell 25 und das Modell 50 Z ergänzt. Wie sich damit nun die PS/2-Familie darstellt, zeigt die Tafel.

MP

	Modell 25	Modell 30	Modell 50	Modell 50Z	Modell 60	Modell 70	Modell 80
Prozessor	8086	8086	80286	80286	80286	80386	80386
Standard-Hauptspeicher	512/640 KByte	640 KByte	1 MByte	1 MByte	1 MByte	2 MByte	2 MByte
Maximal-Hauptspeicher	640 KByte	640 KByte	16 MByte	16 MByte	16 MByte	16 MByte	16 MByte
Festplatten-kapazität	–	–	20	20	30/60	44, 70, 115, 120	44, 70, 115, 314
Erweiterungs-steckplätze	2	3	3	3	7	3	7
Betriebssystem	DOS 3.3	DOS 3.3	DOS 3.3, OS/2	DOS 3.3, OS/2	DOS 3.3, OS/2	DOS 3.3, OS/2, AIX PS/2	DOS 3.3, OS/2, AIX PS/2

ICs mit 0,2 μm Linienbreite

Die Voraussetzung zur Massenproduktion von ICs, die auf einer Linienbreite von 0,2 μ beruhen, wurde von der japanischen Firma NEC mit der Entwicklung einer Röntgenstrahl-Lithographie-Anlage geschaffen. Gegenüber bekannten Lösungen bestehen die Neuerungen darin, daß die Röntgenstrahlen parallel bleiben und so mehrere Flächen der späteren Chips gleichzeitig bearbeitet werden können. Mit der Anlage sollen vierzig 8-Zoll-Wafer pro Stunde mit Flächen von 25 × 25 mm^2 bearbeitet werden können.

Quelle: Elektronik. – München 37 (1988) 1. – S. 7

Wi

Optikplatten

Eine Platte für optische Aufzeichnung hat die Firma Verbatim Corp. entwikkelt. Durch die Möglichkeit, die Daten zu löschen, wird die Optikplatte zum Konkurrenten für Magnetplatten. Das Löschen wird durch punktförmiges Erwärmen mittels Laserstrahl und gleichzeitiges Drehen der Schichtpartikel durch ein angelegtes Magnetfeld erzielt.
Die Platte weist einen Durchmesser von 8,75 cm auf. Die Speicherkapazität beträgt 50 MByte, die Zugriffszeit 70 ms, die Transferrate 1 MByte/s.
Optische Speicher mit nur einmal beschreibbarem Datenträger werden bereits von verschiedenen Firmen angeboten. Hitachi stellte das Modell CDR 3500 vor, das sich durch die flache Bauweise anstelle eines zweiten Diskettenlaufwerkes in Personalcomputern einsetzen lasse.
Löschbare optische Platten werden den Einsatz optischer Speicher wesentlich beschleunigen.

Quelle: Elektronik. – München 37 (1988) 1. – S. 7, 30

Wi

Piezoelektrisches Kühlelement

Zur Kühlung einzelner Bauelemente oder Baugruppen wurde von der Firma Piezo Electric Products Inc. ein Bauelement entwickelt, das die Firma als „piezoelektronischen Gebläse-Kühler" bezeichnet. Die Gebläsewirkung wird durch ein flaches Element aus piezoelektrischem Material erzeugt, an welches eine Spannung angelegt wird und das durch Schwingungen die angrenzende Luftschicht bewegt. Ein derartiges Bauelement kann ein Luftvolumen von 1,5 cfm (cubic feet per minute) an dem zu kühlenden Bauelement vorbeibewegen.
Der Vorteil dieses Bauelementes liegt in den geringen Abmessungen (Grundfläche 38 × 44 mm^2, Dicke 5 mm). Die Leistungsaufnahme beträgt 170 mW.

Quelle: Elektronik. – München 37 (1988) 2. – S. 7

Fa

Rechner Cray-3 mit Galliumarsenidschaltkreisen

Nachdem die Firma Cray für das dritte Quartal 1988 den Rechner Y-MP/832 ankündigte, der sich durch eine dreifach höhere Leistung gegenüber dem Vorgängermodell X-MP auszeichnen soll, wurde nunmehr mit dem Rechner Cray-3 ein weiterer Superrechner angekündigt, dessen Leistung nochmals um den Faktor 3 gesteigert wurde. Während beim Rechner Y-MP die Leistungssteigerung durch die Parallelverarbeitungsarchitektur von 8 Prozessoren erreicht wurde, kommen beim Cray-3 Hochgeschwindigkeitschips aus Galliumarsenid zum Einsatz. Offensichtlich will die Firma Cray ihre beiden Superrechnerlinien fortführen, denn für den Zeitraum 1992 bis 1993 wurde der Rechner Cray-4 und für 1991 ein Nachfolger des Y-MP angekündigt.

Quelle: Blick durch die Wirtschaft vom 17. 2. 1988

Wi

Superkurzer Laserimpuls

Von einer Forschergruppe der schottischen Universität in Fill wurde ein Laser entwickelt, der 19 fs (Femtosekunden) Impulsdauer aufweist. Damit wurde eine wesentliche Verkürzung gegenüber den bisher erreichten Werten erzielt. Kurze Impulse sind für Laseruntersuchungen, Halbleiter, optoelektronische Geräte und in der Prozeßtechnik Voraussetzung für weitere Fortschritte.

Quelle: Elektronik. – München 37 (1988) 1. – S. 7

Fa

Verbrauch von Druck- und Schreibpapier steigt weiter an

Trotz der weiteren Verbreitung elektronischer Kommunikationsmittel (Mailbox, Elextronic Mail) wird von der ECC International Ltd. in einer Studie für den Zeitraum 1986 bis 1991 ein Zuwachs des Verbrauchs von Druck- und Schreibpapier um jährlich 3 Prozent vorausgesagt.

Quelle: BTS. – Aachen 33 (1987) 12. – S. 9

Fa

Textprozessor mit geringen Abmessungen

Die Firma Sharp stellte einen portablen Textprozessor für die englische und japanische Sprache vor. Der Prozessor verfügt über ein 2-Zoll-Plattenlaufwerk und einen Thermodrukker mit einer Auflösung von 25 × 25 Punkten. Sonderzeichen der deutschen, französischen und spanischen Sprache können durch den Drucker dargestellt werden. Für Texte in Englisch wird eine Rechtschreibkontrolle angeboten.

Quelle: Elektronik. – München 37 (1988) 2. – S. 7

Fa

Chipsatz für Grafiksysteme

Einen Chipsatz in modularer Bauweise zur Anpassung an die jeweiligen Anforderungen hinsichtlich Auflösung und Farbvielfalt wurde von der Firma National Semiconductor entwickelt. Das Schlüsselbauelement ist ein programmierbarer Grafikprozessor mit integrierter Beschleunigerhardware. Die Grafikfunktionen werden in mehreren Bausteinen in der dafür jeweils optimalen Technologie realisiert. Die offene Architektur soll die Anpassung an unterschiedliche Hard- und Softwareumgebung erleichtern.
Der Chipsatz umfaßt Video-Taktgeneratoren für hohe Bildpunktfrequenzen (bis 225 MHz), Video-Schieberegister, Steuerbausteine für Bildspeicher und einen Rasterprozessor zur Entlastung der CPU. Den Systementwicklern sollen Softwarewerkzeuge auf Assembler-, C- und Grafikstandardebene zur Verfügung stehen.

Quelle: eee. – Leinfelden-Echterdingen (1988) 3. – S. 16

Wi

Lokale Netze auf Glasfaserbasis

Gegenwärtig verlangen die verschiedenen Adapterkarten für Netzwerke spezielle Kabelsysteme, die untereinander nicht kompatibel sind. Mit der Verkabelung ist somit bereits entschieden, welche LAN-Kategorie eingesetzt werden kann. Soll die Leistung des LAN wachsenden Forderungen angepaßt werden, ist meist eine Neuverkabelung notwendig. Glasfasern gestatten Transferraten, die den Ansprüchen der nächsten Jahre gerecht werden und auch die Forderungen von Bild- und Tonübertragung berücksichtigen. Neben der hohen Leistung besitzen Glasfasern eine Reihe von Vorteilen bei der Verlegung, die höhere Kosten rechtfertigen. So können Glasfasern in vorhandenen Kabelschächten verlegt werden, da Reflexionen und magnetische und elektrische Störungen wirkungslos sind.
Das auf Glasfasertechnologie basierende LAN FX 4400 der Firma Fibermux Corp. gestattet, 256 Netze zu einem Netzwerk in Punkt-zu-Punkt-, Stern- oder Ringtopologie bis zu 20 km entfernt zusammenzuschalten. Das modulare System gestattet 384 Anschlüsse für Sprachübertragung, 16 Anschlüsse mit T1-Interface, 16 Anschlüsse X.21-Interface. Ein Netzwerk kann aus bis zu 9 FX-4400-Systemen bestehen.

Quelle: eee. – Leinfelden-Echterdingen (1988) 1/2. – S. 28

Wi

Elektronikanteil im Automobilbau steigt weiter an

Auf einem Kolloquim von Fachleuten des Automobilbaus und der Elektronik in Köln wurde eingeschätzt, daß gegenwärtig 1/6 der Kosten im Autobau auf Elektronik und Elektrik entfallen. Bis zum Jahr 2000 soll sich dieser Anteil auf 1/3 erhöht haben.
Die Modelle des Jahres 1995 sollen u. a. über 1000 Chips verfügen, die die von 100 Sensoren aufgenommenen Informationen auswerten und an 80 Aktoren weiterleiten. Die Fahrzeuge sollen mit etwa 45 kleinen Motoren ausgerüstet sein. Fünf Displays übermitteln dem Fahrer die entsprechenden Informationen über Fahrzeug, Fahrweg u. ä.

Quelle: eee. – Leinfelden-Echterdingen (1988) 1/2. – S. 12

Wi

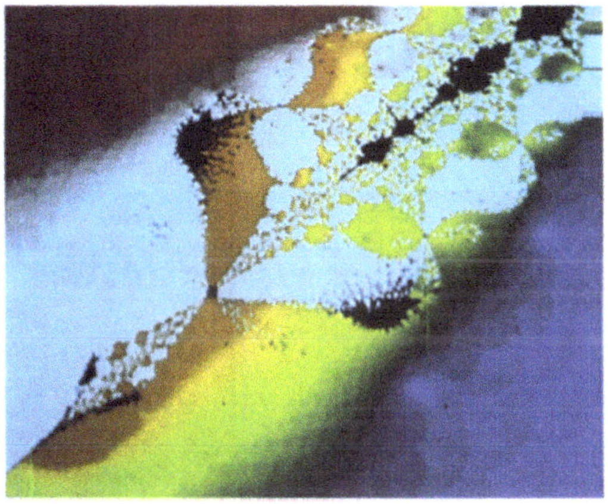

8

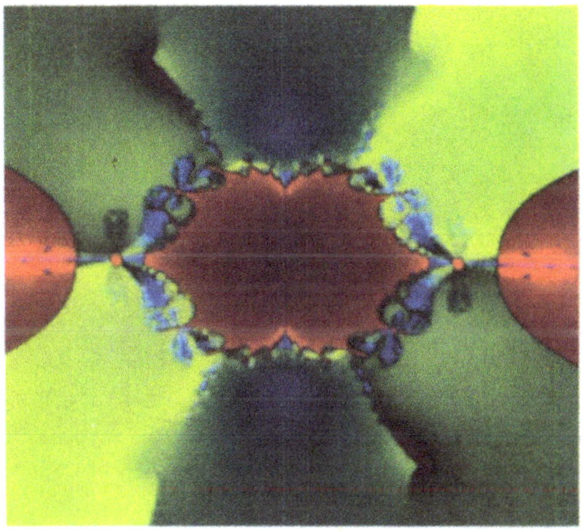

9

10

11

12

13

ISSN 0232-2892
Mikroprozessortechnik, Berlin 2 (1988) 9
S. 257–288

LCD Einheit 80 und 80/2

Anwendungs-Cartridges

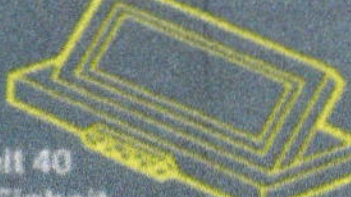

LCD Einheit 40
CRT/FDD Einheit

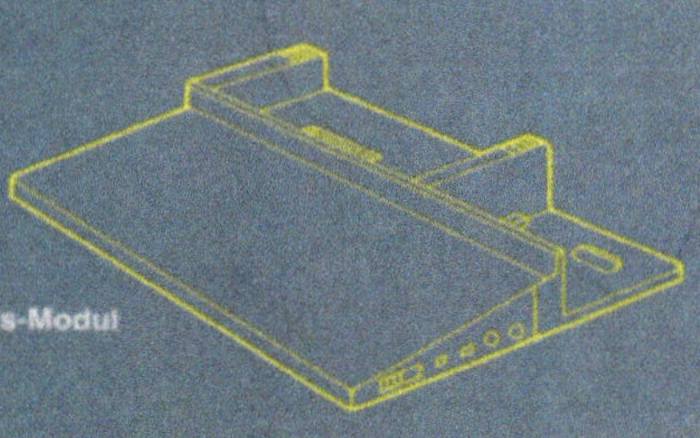

Basis-Modul

Touch Keyboard

Schreibmaschinen Keyboard

Tisch-Einheit 1,2 und 3

Viele Kombinationsmöglichkeiten

Basis-Modul
CPU V20 (8088-kompatibel), 4,77
umschaltbar, Arbeitsspeicher 25
640 KB, RAM-Disk (Option) bis 768
stem-ROM mit MS-DOS 3.2 bis
CMOS EPROM, bis 512 KB CMO
ROM, Echtzeit-Uhr, Piezo-Lauts
Haupt-Batterie 2000 mAh, Sub
500 mAh
LCD 80, 80/2
80 Zeichen, 25 Zeilen, 640 × 200
STN, Voll-Reflexion, LCD 80/2: wie
mit CRT- und FDD-Schnittstellen
LCD 40
40 Zeichen, 10 Zeilen, 320 × 80
STN, Voll-Reflexion
Anwendungs-Cartridges
Printer-Cartridge (40 Zeichen/Ze
versal-Cartridge, anwenderspezifis
Touch Keybord
Touchkeys: 96 (8 Zeilen × 12 Spalt
LCD: 200 × 88 Punkte (11 Zeilen
chen)
Schreibmaschinen-Tastatur
79 Tasten, mit Cursor- und Funktion
LED-Anzeigen
Tischeinheiten
Batterie und 1 FDD 3 1/2" (720 K
2 FDD 3 1/2" (720 KB) oder 1 FDD 3
KB) und 3 1/2" HDD (20 MB)
Sonstige Optionen
Batteriegepufferte RAM-Boards 3
FDD TF-16: 2 × 5 1/4" (360 KB),
Ladegerät 5 V, 4 A für 100–240 V,
Boards mit seriellen Schnittstellen,
Barcode-Lesestift
Mitgelieferte Software
MS-DOS 3.20 und spezielle Di
gramme
Maße/Gewichte
315 (B) × 224 (T) × 47 (H) mm³/ca

LCD Einheit 40. Zur Wiedergabe von Daten und Kurztexten.
CRT/FDD Einheit. Zum Anschluß eines Color-Monitors und der Disketten-Station TF-16.
LCD Einheit 80 und 80/2. Zur Wiedergabe von Texten, Tabellen und Grafiken. LCD 80/2 mit Schnittstellen für Color-Monitor und Diskettenlaufwerk TF-16.
Basis-Modul. Hauptplatine mit 8088-kompatiblem, aber schnellerem Prozessor (V 20). Batteriegepufferte System-, Arbeitsspeicher-(max. 640 KB) und RAM-Disk (max. 768 KB). System-ROM mit MS-DOS 3.2, 3 Steckplätze für Applikations-ROMs. Dazu Modul-Anschlüsse, serielle und parallele Schnittstellen und Anschluß für Barcode-Lesestift.
Anwendungs-Cartridges.
Für Drucker, RAM- und ROM-Erweiterungen (teilweise von PX-4 zu übernehmen).
Touch Keyboard.
Links: Großes Touch-Panel:
LCD-Anzeige und freigestaltbare Eingabe-Einheit in einem. Ideal für anwenderspezifische Lösungen.
Rechts: Numerischer Tastenblock.
Schreibmaschinen Keybord. Mit 79 Tasten für 101 bzw. 102 Funktionen und LED-Anzeigen für Num Lock, Caps Lock, Scroll Lock.
Tisch-Einheit 1,2 und 3. Mit eingebauter Batterie, 3 1/2" Diskettenlaufwerk oder zusätzlich zweitem Diskettenlaufwerk oder 3 1/2" Hard-Disk mit 20 MB.
Viele Kombinationsmöglichkeiten. Je nach Anwendung lassen sich verschiedene PCs zusammenstellen, die sich zusätzlich individuell ausrüsten lassen.

Computer in der Hand

Schon bald nach dem ersten massenhaften Einsatz von integrierten Schaltungen in der Computertechnik – insbesondere Mikroprozessoren – sahen Hersteller Möglichkeiten zur Entwicklung einer neuen Rechnerklasse – der tragbaren Computer. Der Begriff „tragbar" ist nun sehr dehnbar, und demzufolge lassen sich darunter echte universelle Handcomputer (Hand-Helds) um die 3 kg Gewicht, sogenannte Schoßcomputer (Laptops) um die 6 kg, aber auch Portables um die 10 kg einordnen. Letztere stellen mit ihrer Leistungsfähigkeit als „PC am Griff" oft schon Desk-Top-Computer (Auf-Tisch-Modelle) in den Schatten.

Die Gemeinsamkeit von Hand-Held-Computern und Laptops besteht vor allem in der Grundfläche, die etwa einem A4-Blatt entspricht und in dem klappbaren Display, die Gemeinsamkeit von Laptops und Portables darin, daß sie meist keine Aufgaben wirklich mobiler Datenverarbeitung erfüllen, sondern im Sinne einer durchgängigen DV-Organisation stationäre Lösungen transportieren. Sie entsprechen in ihrer Grundkonfiguration deshalb meist Desk-Tops und unterscheiden sich von diesen nur durch geringeres Gewicht und kleinere Abmessungen.

Der erste Hand-Held-Computer war der HX-20 von Epson – noch mit einem sehr kleinen Display ausgestattet. Es folgten die Generationen mit 8-Bit-CMOS-Prozessoren, mit der Integration des Betriebssystems CP/M bis zur Ausstattung mit 16-Bit-Prozessoren und MS-DOS.

Mit dem auf der Leipziger Messe gezeigten und hier vorgestellten Hand-Held PX-16 will Epson nun seinen Vorstellungen von der mobilen Datenverarbeitung Rechnung tragen: Hand-Helds sollen Alleskönner sein: im Flugzeug zur Bordfunkunterstützung, im Versuchsauto als Steuercomputer für die Meßinstrumente, im Rettungswagen zur exakten Diagnose, im Kundendienst als H
gerverwalter usw. – das heiß
über die Aufgaben der klass
Betriebsdatenerfassung hin
hend. Um der jeweiligen Aufga
timal entsprechen zu können,
ein modularer Aufbau für Hand
Computer entwickelt, der ein
Flexibilität gewährleistet.

Auch wurde die Vielzahl von
bemöglichkeiten – Sensor, T
fühler, Barcode-Lesestift, IC-
und Ausgabemöglichkeiten –
ker, RAM-Karte, Modem zur K
nikation – berücksichtigt.

Mit den auswechselbaren M
kann der PX-16 also für die g
ten Aufgaben jeweils zu einem
geschneiderten" Computer
niert werden, als Laptop be
weise mit Schreibmaschinenta
80 × 25-Zeichen-Vollbildschirm
Floppy- oder Hard-Disk.

Grafik: Epson; Foto: Weiß

www.ingramcontent.com/pod-product-compliance
Lightning Source LLC
LaVergne TN
LVHW080752300926
849162LV00008BA/1797